U0159146

THE ERA OF
WEB3.0

WEB3.0
时代

互联网的新未来

汪弘彬 著

中国出版集团
中译出版社

图书在版编目（CIP）数据

WEB3.0 时代：互联网的新未来 / 汪弘彬著 . -- 北
京：中译出版社，2023.6
　　ISBN 978-7-5001-7384-7

　　Ⅰ . ① W… Ⅱ . ①汪… Ⅲ . ①互联网络②信息经济
Ⅳ . ① TP393.4 ② F49

中国国家版本馆 CIP 数据核字（2023）第 059399 号

WEB3.0 时代：互联网的新未来

WEB3.0 SHIDAI: HULIANWANG DE XIN WEILAI

著　　者：汪弘彬
策划编辑：于　宇　方荟文
责任编辑：方荟文　于　宇
营销编辑：马　萱　纪菁菁　钟筏童

出版发行：中译出版社
地　　址：北京市西城区新街口外大街 28 号 102 号楼 4 层
电　　话：（010）68002494（编辑部）
邮　　编：100088
电子邮箱：book@ctph.com.cn
网　　址：http://www.ctph.com.cn
印　　刷：北京顶佳世纪印刷有限公司
经　　销：新华书店
规　　格：710 mm×1000 mm　1/16
印　　张：19.25
字　　数：240 千字
版　　次：2023 年 6 月第 1 版
印　　次：2023 年 6 月第 1 次印刷

ISBN 978-7-5001-7384-7　　　　　定价：69.00 元

Web3.0：迎接数字时代的范式跃迁和新机遇

从 20 世纪 90 年代初发展至今，互联网走过了 30 年，它改变了整个人类社会的运行发展模式，改变了大众的生活方式、沟通形式。随着数字经济时代到来，我们正在创造大量的数据，数据正在成为新的生产资料，创造越来越多的价值，甚至成为新的财富与资产。但作为互联网的个人用户，我们从未真正拥有过数字生活空间中最基础、最重要的生产要素：数据。

数字经济时代商业模式的基石是重塑数据主权。尽管高替换成本、强网络效应和相对优秀的用户体验是现有 Web2.0 互联网巨头的壁垒，短期之内很难被颠覆，但用户对身份和数据控制权的追求，如同星星之火终将燎原。我们即将进入一个全新的时代：Web3.0（互联网 3.0）时代。随着区块链、5G、人工智能、云计算、大数据等数字技术的发展，数据终究将由用户所掌控，并创造更大的价值。

Web3.0 是以"可读 + 可写 + 可拥有"为特征的下一代互联网，互联网参与者可以在 Web3.0 时代真正拥有互联网的价值。相对而言，Web1.0 的特点是"可读"，Web2.0 则为"可读 + 可写"。在这两个阶段，用户高度依赖互联网平台企业，用户虽然是内容生产者和价值创造者，但规则完全由平台制定，这就导致了用户创造的数据被平台占有，数据产出价值被剥削。

而在 Web3.0 时代，用户可以基于全新的数字身份体系，自主选择自身创造的数据是否共享、与谁共享、共享多少，使得互联网的参与者可以真正拥有身份、拥有数据、拥有资产、拥有平台、拥有协议（新基础设施）。同时，Web3.0 还具备价值互联网、契约互联网、通证互联网、开源互联网、众创互联网和立体互联网这六大创新基因，因此具有无限的可能。

Web3.0 作为信息技术和数字经济的发展方向，将通过技术创新夯实数字经济发展基础，通过平台创新构建可信协作网络，通过应用创新推动实体经济发展。但值得注意的是，Web3.0 的出现不是为了颠覆 Web2.0，而是在 Web2.0 的基础上进行升级，解决以往互联网的内在矛盾。Web2.0 之所以有价值，核心在于它确实以数字化的形式帮助了许多产业提质增效、转型升级，所以产业互联网也渗透到了各个行业。Web3.0 将带来的关键价值也是产业的范式跃迁。Web3.0 是下一个时代最重要的新物种，同时也是孕育新物种的母体。当下 Web3.0 的应用通道已被逐步打开，新的互联网模式正在快速主流化，且"破圈"普及的速度将超出常人的想象。对于个人来说，我们看到自 2020 年以来，新零售、远程办公、在线协作、短视频、直播等新业态和新组织方式被大规模运用，带动新兴业态爆发式增长，而后疫情时代的产业复苏也将是产业转型升级的机遇。Web3.0 将带来场景、模式、组织的全方位升级，是全产业链的机遇，产业一旦不能跟上变革步伐，则很可能被"降维打击"。在 Web3.0 时代，每一个产业和每一种职业都将发生重大改变，影响着每个人和每家企业的未来发展，无人能置身事外，每个人都应该了解。

《WEB3.0 时代：互联网的新未来》是一本深入探讨 Web3.0 的书籍。作者详细介绍了 Web3.0 的概念，以及由 Web3.0 带来的互联网商业模式转变，同时概述了区块链和去中心化技术，解释它们如何影响互联网和现实世界，并探讨未来可能带来的变革。此外，本书还涵盖了去中心化金融（DeFi）、非同质化代币（NFT）、链游（GameFi）、数字藏品等一系列 Web3.0 核心应用，同时就如何做好 Web3.0 时代的职业规划给予读者真实恳切的建议和指导。

作为长期从事前沿数字经济领域研究和教育的实践者，我深深感受到 Web3.0 蕴含着巨大的变革力量，因此我强烈推荐本书给所有对 Web3.0、区块链和数字经济感兴趣的读者。它提供了深入的见解和启发，帮助读者更好地理解这个新兴领域。无论你是创业者、投资者、工程师，还是普通读者，本书都是值得一读的。

于佳宁

中国移动通信联合会元宇宙产业委员会执行主任

中国通信工业协会区块链专委会共同主席

香港区块链协会荣誉主席、Uweb 校长

前瞻未来的趋势

Web3.0 可以说是一个宏大命题,既体现了互联网时代持续迭代的精神,又构筑了高科技推动商业发展的未来理想,也为未来互联网的基础设施给出了"去中心化"的全新设想。值得注意的是,Web3.0 仍然在"从零到一"的路上,这意味着泡沫与进步共存,而局外人雾里看花,每每陷入两种极端思考,要么担心泡沫太重,倾向于"把孩子和洗澡水一起倒掉";要么沉迷于想象,过早成为被割的"韭菜"。关于如何建立对 Web3.0 的正确认知,以开放的心态探索下一代互联网这一高科技最重要的基础设施的可能性,弘彬的这本《WEB3.0 时代:互联网的新未来》是一本浅显易懂的入门书。

在这本书里,弘彬并没有提及太多 Web3.0 的理想——"去中心化",而是回归互联网发轫时的初心,将互联互通从中心化的巨头手中重新夺回——这恰恰是这本书的优势。理解一项面向未来的创新,必须把想象(包括理想)与现实中的可能性做出明确的区别。在实际应用中,Web3.0 的确体现了一系列"去中心化"的精神,从比特币、区块链,到去中心化金融、去中心化自治组织（DAO），贯穿始终的核心是"去中心化"。但这种去中心化需要强调其技术特性，也就是它所带来的更便利的参与性，它对传统商业组织、金融服务可能带来哪些改变；同时也需要强调它"不合时宜"的一面，至少在现有的法律和合规的框架下，还有许多工作要做。清楚认知 Web3.0 的现状，理解其潜力和局限，我们才能更好地推动它的发展。

和所有创新一样，Web3.0 的创新也充满了泡沫。甚至可以说，如果没有投机的泡沫，任何真正意义上的创新都无法前行。从泡沫中抓住进步的本质，是每个创新者和终身学习者必需的能力。一方面，它需要我们放长时间的尺度，不被一年几变的流行浪潮所淹没，着眼于技术和商业发展方向及趋势的研究，有探索的耐心；另一方面，它也需要我们躬身入局，参与到创新实践中去，才能去伪存真。

对未来保持好奇心和开放态度的人，想要透过泡沫判断未来，就需要用开放的心态去看待 Web3.0。互联网的世代性很明显。Web3.0 是互联网原住民——即所谓"90 后"——所主导的乐园。作为下一代互联网，它涵盖了金融、游戏、社交等各个领域，背后有新世代对传统的解构和重塑。想要"躬身入局"，我们就需要虚心向"原住民"学习，参与实践。

我们身处于一个 Web2.0 高度繁荣的世界，相比之下，在海外尤其如火如荼，而在国内稍显雾里看花的 Web3.0 的世界，显得遥远而并不迫切。应用界面不友好，应用场景不丰富，这些都是 Web3.0 的现状，因为它仍然是一个在某种程度上由极客主导的世界，远没有Web2.0——当下移动互联网世界——那么友好，那么即插即用。

正因为Web3.0仍然在发展的早期，它要真正成为替代当下我们所熟悉的移动互联网，非得在用户界面和可用性上下很大一番功夫，才可能真正成为主流，也才可能真正成为颠覆性的产业。也恰恰因为如此，Web3.0的世界才充满了机会。回想一下21世纪第一个10年的风潮涌动，不少公司迅速成为现在大家耳熟能详的科技"巨无霸"。Web2.0时代的指数级发展一定会在Web3.0时代复制。不同的是，其覆盖的面会更加广阔。

吴晨

《经济学人·商论》总编辑

从"元宇宙"到"Web3.0"
——技术革命的探索未变

老友汪弘彬的《WEB3.0 时代：互联网的新未来》一书，是我迄今读到的对 Web3.0 概念、技术和应用阐述最为详尽、清晰的一部作品；而且它的出版时机极佳，帮助我厘清了近几年来深感困惑的很多问题。但是，"解惑"只是这本书最浅层次的价值。在我看来，它更重要的价值在于"传道"和"授业"，也就是能够刺激各行业的专业人士深入思考：自己的行业和职位在新一轮技术革命中将面临何种挑战？个人、机构和行业应该做出什么样的创新甚至自我革命，才能在下一代互联网技术驱动的未来社会找到自己的价值所在？

作为一位在"传统"媒体行业工作 20 余年的新闻人，我对传统媒体在 Web1.0 和 Web2.0 时代遭遇的种种挑战与颠覆深感担忧。如果说在互联网发展的前两个阶段，传统媒体基于信息传播、教化、娱乐和社区的商业模式已经被大体颠覆，那么在下一个时代，我们为之服务了半生的行业，是否能找到翻身与重生的机会？这也是很多资深媒体人近年来苦苦探究的问题。

最近两年以来，随着"元宇宙"概念及相关技术、应用场景获得公众关注，很多同行为之兴奋不已，认为传统媒体的诸多职能在元宇宙的多重场景和区块链、虚拟现实等新技术加持下能够找到效率更高、商业模式更可持续的未来。即便媒体的商业和组织形态未必能在元宇宙的时代幸存下来，但我们服务的理念和目标，包括我们这些"新闻人"，或许能够借元宇宙浪潮找到用武之处，不至于被时代的浪潮彻底抛下。我也受到了同样的希望感染，开始更多地了解元宇宙底层技术相关知识，通过采访和论坛等形式了解行业动态和前景，为新闻、信息传播行业在元宇宙时代的发展摩拳擦掌。

但是，在短短一年之后，随着引领元宇宙风潮之先的 Meta 业务转型陷入低迷、股价大跌，以及作为元宇宙重要元素的加密货币行业进入寒冬、多家加密金融机构暴雷，风靡一时的元宇宙概念遭受重创。对嗅觉最敏感的投资人和创业者来说，"元宇宙"这三个字似乎迅速冰冻，人人避恐不及。然而，作为元宇宙灵魂的区块链技术和"去中心化"理念并未失去吸引力，诸多技术创新项目和应用场景探索反而逐渐加速。作为涵盖其上的伞盖式的概念和口号，"元宇宙"正在逐渐被"Web3.0"所代替。

在"FOMO"（唯恐错过）焦虑感折磨下，我对这个波折也感到异常困惑，尤其对"元宇宙"到"Web3.0"转化过程中在理念、技术和商业层面的细微变化缺乏了解，感觉在短短一年之内自己又再次落伍了。恰好在此时读到弘彬兄的书，真是如同抓到了"救命稻草"。尤其是书中对"元宇宙"与"Web3.0"异同的阐述，对 NFT、DAO、DeFi、GameFi 等脍炙人口的名词深入浅出的解释，让我这样原本对相关概念和趋势只有一知半解的人迅速厘清思路；书中提到的诸多典型 Web3.0 创业企业、投资机构和应用案例也帮助我将平日里获取的碎片化信息逐渐拼接起来，获得了关于 Web3.0 大趋势的完整图景。本书第八章《如何做好 Web3.0 时代的职业规划》，更是对处于职业生涯各个阶段的各专业领域人士提出了中肯而实用的指导。

我会将这本书推荐给我认识的每一位年轻人。但是首先，我会再把这本书好好读几遍，并且热切期待未来的更新版本。

王丰

FT 中文网总编辑

Web3.0的价值主张：从底层到应用的范式转移

回看信息革命的历史，我们可以把信息革命分为三个阶段：第一阶段是 19 世纪末的通信技术，主要代表是以电力为主的无线电、移动通信、电报和电话；第二阶段为 20 世纪中的 IT 技术，这一阶段就出现了我们熟知的计算机、软件工程和互联网；第三阶段则是以数字技术为代表的云计算、人工智能、基因工程、区块链、加密算法以及数字货币。信息革命的这三个阶段对应到产业层面就分别是电气化、信息化，以及数字化。

而细分到过去几十年互联网发展的历史，也可以将其概括为三个不同的层次：Web1.0、Web2.0 和 Web3.0。Web1.0 是一个信息网络，用户使用用户名和密码登录浏览器和网页，并且是只读模式，无法编辑；Web2.0 是一个数据网络，用户用 App 账号登陆，引入客户画像和算法推荐，可以进行读写互动；Web3.0 则可以被看作一个资产网络，交易用户用去中心化数字身份登录数字空间和虚拟世界。Web3.0 在 2018 年左右被提出，它本质上来讲是一个去中心化网络，网络中包含数据的确权和授权，所有参与者都拥有整个生态系统的权益。目前，我们正处于 Web2.0 到 Web3.0 的过渡期，既对 Web3.0 的去中心化力量感到兴奋，又仍满足于 Web2.0 成熟产品卓越的用户体验。Web3.0 到 Web2.0 在底层技术、所有权、商业模式等方面都有着显著的区别。

首先在技术层面，Web3.0 和区块链技术通常联系在一起，具体包括数字货币、协议、基础设施和去中心化应用程序。区块链和数字货币可以在技术层面上保障个人财产的不可侵犯，代币的发行、传输和存储是完全去中心化的，通过分布式账本、非对称加密、共识机制、智能合约等技术手段赋能。协议是管理网络的一组规则，包括共识、交易验证和网络参与规则。去中心化应用则让人们最直观地感受到分布式的力量。底层的分布式经济系统是 Web3.0 和 Web2.0 之间最关键的区别，林嘉文（Gavin Wood）曾表示，共识引擎和密码学驱动的协议可以实现更强大的网络社交契约。他还解释了 Web3.0 的最终目标："更少的信任，更多的事实"。

其次在所有权层面，在互联网公司和传统公司中，创始人拥有绝对控制权，他们对股权稀释极为敏感。从种子轮到首次公开募股（IPO），创始团队始终是大股东。然而，如果是 Web3.0 项目，情况就不同了，代币（所有权凭证）有望在一开始就分发给用户，以便让越来越多的人参与其中，建设更好的区块链世界，创始团队和用户参与合作的根本动机是把蛋糕做大。而传统的互联网服务更像是一场零和游戏，公司正在为市场份额而挣扎。所以 Web3.0 特别注重共享，让人们享有进入市场和利用社区资源的平等机会。

最后在商业模式层面，互联网公司的商业模式是以信息为导向的，这意味着所有的商业活动都围绕着信息展开，信息传播所创造的价值是 Web2.0 企业盈利的来源。当谈到 Web3.0 时，经济活动的焦点从信息转移到商业价值本身，例如 DeFi、GameFi 等成为 Web3.0 时代的重要主题。Web3.0 用户可以利用自己的时间和技能实现价值。在整个过程中，用户不仅可以在平台上读写，还可以参与和控制网络。互联网流量代表了 Web2.0 时代的价值，到了 Web3.0 时代，则是用户的权利和参与代表了价值。用户在网络中的角色是 Web2.0 和 Web3.0 之间的另一个关键区别。Web2.0 时代，用户与集中平台绑定，所有规则都由互联网公司制定。相反，用户和 Web3.0 网络是松散耦合的，用户是一个"插件"，作为生态系统的一部分插入区块链项目中。所以传统的用户获取更多是将产品推向市场并让人们知道，Web3.0 则是通过分享价值来吸引用户。这就引入了 DAO 的概念，DAO 是代码和制度规则化的体现，它将所有规则写在代码中，并使用代码来表示法治或人治。DAO 影响最大的领域之一是个人与其组织合作的方式，个人不再需要依附于某个组织获得奖励，作为插件，个人可以在做出自己的贡献后获得奖励。这模糊了公司的边界，或者扩大了公司的外围，甚至可能不需要公司的主体。

Web3.0 时代是一个全新的互联网时代，它不仅仅是技术的进步，更是社会、经济、政治和文化的变革。Web3.0 技术不仅改变了我们对数据和信息的处理方式，还开创了新的数字经济模式。在这个快速发展的领域里，了解和掌握 Web3.0 技术和概念是至关重要的。本书做出了关于 Web3.0 的全面介绍，深入探讨了 Web3.0 的技术、应用和影响，帮助读者理解 Web3.0 的本质和未来发展趋势。

在此，预祝《WEB3.0 时代：互联网的新未来》一纸风行！

邓超

Hashkey Capital 首席执行官

Web3.0：重新定义互联网价值

　　2012 年，在一个偶然（也许是必然）的机会下，我接触到了区块链和比特币的概念。说偶然，当时我正在中欧国际工商学院攻读 EMBA，同班有一位美国的同学，也是日后行业里响当当的人物李启元（Bobby Lee），给全班同学做了行业的知识分享。虽然当时他的这些技术性的描述并未给我留下太多印象，但其中提到的抗通胀资产却引起了我的兴趣。货币超发引起的货币的长期贬值逻辑，以及人们应该持有抗通胀资产而不是现金的理念颇有道理。再说必然，也许与我之前十几年从事媒体行业的经历不无关系，媒体人对于新事物的敏感性和接受度比较高，不是在这个时点，也必然会有下一个机缘汇集。

　　2017 年，市场乱象导致首次代币发行（ICO）被叫停，但这个行业留下了一些媒体和公开信息传播的渠道。虽然最初的内容质量参差不齐，但这些公开的知识和信息传播渠道，让我有机会开始通过持续的阅读来形成对这个行业的认知。

　　在彼时的美国，区块链课程已经开始在一些知名大学推出，现任美国证券交易委员会主席加里·盖斯勒（Gary Genlser）当时作为麻省理工学院斯隆管理学院全球经济与管理实践教授以及麻省理工学院媒体实验室高级顾问，主导了数字货币计划（Digital Currency Initiative）的研究。现在网上还有他当时关于区块链的课程视频，这些系统性的知识对入门的人来说非常有用，我本人也因此受益匪浅。

我真正开始有了提笔写书的想法，还是源自 2022 年受到一些行业机构的邀请，做一些线上和线下的区块链行业知识分享。一方面，因为要去授课，所以我需要准备系统性的课件，正好借此机会把梳理出来的行业知识脉络提炼出一个逻辑自洽的认知框架；另一方面，在教学和分享的过程中，我发现学员有的来自互联网大厂，正值职业和行业发展的瓶颈期，有的是刚毕业的大学生，处于继续深造和就业择业的交叉点，还有的来自传统的风险投资机构，很好奇这个行业的估值逻辑。他们对区块链和 Web3.0 的兴趣是一致的，但对这个行业的认知框架普遍不完善。而我在平时交流接触中发现，更多的人信息接收非常碎片化，认知更无从谈起。我本人受益于媒体人的背景，在阅读的思维框架的形成方面有很多经验，所以也想借此书帮助更多的人，启蒙和启发更多的人去拥抱下一代的互联网。

在过去的 20 多年中，互联网从桌面走向了移动，现在几乎达到了渗透率的峰值，现在比拼的是数据挖掘和算法能力。技术的飞速发展和信息的爆炸性增长让人们对数据隐私保护、数据安全、中心化控制等问题日益关注。Web3.0 的诞生标志着互联网的新时代到来。它是一种全新的互联网技术，颠覆性地解决了当前互联网存在的问题，创造更加开放、透明、去中心化的网络环境。它利用区块链技术保证用户数据的安全和隐私，同时又保证了数据的可靠性和可信性。

本书是一本关于 Web3.0 的综合性书籍，旨在深入浅出地讲解 Web3.0 的相关知识，包括基本概念、发展历程、核心技术以及应用场景等方面。特别是本书力求为读者解析 Web3.0 世界中的经典应用，希望读者通过深入了解底层逻辑和产品设计机制，更好地感受 Web3.0 的魅力。此外，本书还介绍了很多基于 Web2.0 时代场景应用的 Web3.0 版本，让读者更加贴近 Web3.0 的应用体验。

本书适合对 Web3.0 有兴趣的初学者阅读，可以帮助他们打开一扇大门，构建自己的认知。同时，对于对区块链和数字经济感兴趣的专业人士，本书也提供了填补和完善知识结构的宝贵资料。不论您是技术爱好者还是数字经济领域的专业人士，本书都将为您提供有价值的信息和深刻的见解，帮助您更好地了解和掌握 Web3.0 的相关知识。

前段时间读了一篇网络热文《Web3.0 与中国无关》，对我触动很大。我们今天所见到的 Web3.0 创新只是下一个长周期互联网创新的冰山一角，如果因为新事物的发展过程中存在许多不完善之处而去扼杀创新，让劣币驱逐良币，那将是我们全社会的损失。

在全球范围内，中国和美国无疑是传统互联网时代获益最大的两个经济体，那下一个互联网时代，我们中国人怎么能缺

席呢?！本书希望通过在国家制度允许的范围内，输出理性科学
的系统性知识，启发和鼓励更多有兴趣的人去延续和构建下一
个互联网的辉煌时代，一个与中国息息相关的 Web3.0 新时代。

汪弘彬

2023 年 3 月

目　录 /

初识 Web3.0
——互联网的下一站

第一章

Web3.0 基础入门

第二章

第三章

Web3.0 的核心应用

——DeFi

第四章

Web3.0 的核心应用

——NFT

Web3.0 的核心应用

——链游

Web3.0 的核心应用

——数字藏品

Web3.0 领域其他代表性应用

如何做好 Web3.0 时代的职业规划

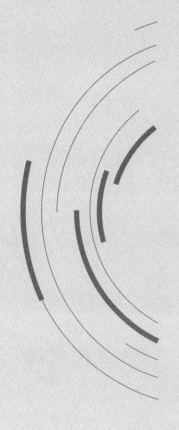

1

第一章

初识 Web3.0——
互联网的下一站

自 2021 年区块链市场热潮涌起，"Web3.0 改变互联网"的思维浪潮已成为投资界互联网技术界讨论最多的话题之一。尽管目前对 Web3.0 的概念描述远远多于 Web3.0 能解决的实际问题，但这并不影响人们对这个话题的关注。

第一节
什么是 Web3.0

Web3.0 这个词是以太坊联合创始人林嘉文（Gavin Wood）在 2014 年创造的，彼时他正好刚完成以太坊黄皮书，随后发表了一篇论文来阐述他对"Web3.0"的构想。文中，他提出了"后斯诺登时代"的 Web 形态，也就是他所设想的 Web3.0 的 4 个组成部分：静态内容发布（static content publication）、动态消息（dynamic messages）、无须信任的交易（trustless transactions）和集成的用户界面（integrated user-interface）。

相信大多数读者看了这些技术词汇，还是没有产生任何的画面感。那就让我们抛开这些生涩的技术词汇，从互联网的发展回顾来抓重点。

在 Web 出现之前，就有了互联网（Internet）。互联网发明于20 世纪 70 年代，当时正值美国和苏联之间的"冷战"高峰期。在1990 年，蒂姆·伯纳斯 – 李（Tim Berners–Lee）创建了万维网（World Wide Web），简称为 Web。万维网常被当成互联网的同义词，其实它是靠着互联网运行的一项服务。Web 是互联网上最早的应用程序之一，人们可以在 Web 上轻松浏览内容。下面梳理一下互联网的发展脉络（图 1–1）。

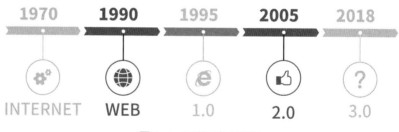

图 1–1　互联网发展脉络

一、Web1.0："只读"的信息展示平台

Web1.0 是大众触达网络的起点，大约从 1995 年持续到 2004年，信息展示和传递是这个时期的核心。信息通常以文本或图像的形式呈现，网站提供什么，用户就查看什么。这个时期的典型代表

是各个门户网站，如雅虎、搜狐、新浪等，他们通过各种网页信息的展示，吸引用户点击观看，以此定制广告，通过流量变现。

二、Web2.0："互动"的内容生产网络

从 2005 年到现在，都处于 Web2.0 阶段。随着基础设施的升级，以及移动互联网技术的普及，一些基于 Web2.0 的商业平台逐渐诞生并发展壮大，比如博客、社交媒体平台、视频平台、网络购物平台等。这类平台的最大特点是，允许用户自主生成内容，与网站和他人进行交互和协作，所以往往一条用户生成的内容就能在市场上引起巨大的反响。但与此同时，由于数据集中于少数几个科技巨头的平台上，不断发生的数据泄露和隐私侵犯问题，成为目前全球监管的关注重点。

三、Web3.0："去中心化"的价值互联网

从 Web3.0 的概念诞生起，Web3.0 就不仅是一场技术变革，更是一场商业和用户模式的革新。

2008 年，中本聪（Satoshi Nakamoto）发布了比特币白皮书，在其中指出了区块链技术的核心基础，并发明了点对点的数字货币，由此掀起了对 Web2.0 的改革浪潮。比特币首次提出了一种无须可信任的中间方的安全在线交易模式，是一种点对点的、革命性的支付方式创新。然而直到基于以太坊（Ethereum）的智能合约被

发明，去中心化的互联网模式才真正进入公众视野。林嘉文将这个升级版的互联网称作"Web3.0"，即"一个安全的、由社会运行的系统"。

从技术底层来看，Web3.0 是一个共同网络，各种不同的技术之间更多是相互融合和协作，而且这种技术之间的融合和协作更多是基于开源协议和非许可准入形式的，这样可以让协作的发展更快速。协作网络普及面越广，所产生的网络效应价值就越大。这与Web2.0 存在本质上的不同。在 Web2.0 基础上，不同公司之间的系统是分离的，技术发展的方向是实现垄断性的竞争优势，所以方案是各不相同的，前沿技术更是保密的，平台之间在没有达成协商合作之前都是分割的网络。所以从技术底层来看，我们可以将开放协作与壁垒垄断两种技术发展思路看作 Web3.0 和 Web2.0 之间的基本区别。

从价值创造角度来看，Web2.0 已经开启了用户创作内容而产生巨大价值的众多场景，但价值捕获和价值分配是由互联网平台决定的。数字化内容的创造者只能依附于平台。对于产生价值的数字化内容，可以理解为数据价值实际的掌控权在于平台，用户只拥有有限的管理权限和使用权限。Web3.0 的思维是倡导用户创造并完全拥有数据的所有权，也就是要完全拥有数据所带来的价值，因而Web3.0 又被称为"价值互联网"。所以，数据价值的真正所有权之争是 Web3.0 和 Web2.0 的根本差别。

从运作模式来看，Web3.0 更多采用区块链（Blockchain）和密码学技术（Cryptography）来实现数据所有权的确认，以及通过代币经济学（Tokenomics）来维持经济体系的可持续运行，在管理模式上倾向于采用协作和共治的管理模式，借助区块链智能合约的代码设定来保障执行。这些也和 Web2.0 时代依靠法律法规的制度化约束、以企业管理层主导的精英人治模式有很大不同。

回归林嘉文博士创始 Web3.0 概念时的理念，即"Web3.0 是为让互联网更去中心化、可验证、安全而发起的一组广泛的运动和协议；Web3.0 的愿景是实现无服务器、去中心化的互联网，即用户掌握自己身份、数据和命运的互联网；Web3.0 将启动新的全球数字经济系统，创造新业务模式和新市场，打破平台垄断，推动广泛的、自下而上的创新"。

我们试图用一句话来定义 Web3.0，但始终觉得目前所能给出的定义可能只是一个阶段性的描述。随着 Web3.0 的技术基建的成熟和应用的丰富，一定会有很多我们想象不到的场景出现。但在目前所处的阶段，很多人会疑惑"Web3.0 到底是什么"，有很大一部分原因是大多数人感受不到 Web3.0 在日常生活中的存在，没有体验感。而我们正处于 Web2.0 时代，便根本无须纠结移动互联网的学术定义，因为自身的体验已经给予所有人最好的答案。

所以与其用一个不完美的定义去理解"Web3.0 是什么"，不如从认知"什么是 Web3.0"开始入门。既然以上有别于 Web2.0 的核心要素都是 Web3.0 的特征，那么我们可以把拥有 Web3.0 特征基因的项目和思想都归于 Web3.0 的范畴。下一节我们将展开分析 Web3.0 的标签。

第二节
Web3.0 时代的三大标签

一、开放性

Web3.0 的开放性主要体现在以下两点。

第一，这是一个无须许可、无须信任和可验证的生态系统。例如，用户往往利用一个区块链账户地址就可以登录链上的 Web3.0 应用（图 1-2），甚至无须注册或者许可，操作便利；而这个用户登录所用的身份完全是由用户本身创建和拥有的，并不依赖于平台的审核和批准。

图 1-2 Web1.0 到 Web3.0 的账户登录模式

第二，可编程区块链和数字资产的出现，极大地释放了开源协议和去中心化系统的潜能，并且有了可持续发展的经济模型。可编程即可组合，最直接的案例就是以乐高积木式组合构建去中心化金融应用，任何创新的应用都可以对底层基础协议做无须授权的调用或聚合，犹如搭建乐高积木一样，只需接口一致即可组合成新的应用。这样开放式的协作和融合更利于技术和应用的升级和迭代。

二、共识共建

目前，社会主要的商业行为主体是公司化组织，其内部由公司章程约定或者董事会及管理层决策来制定和实现目标，外部则是以法律法规作为制度约束和执行保障。在 Web3.0 生态建设中，我们将要接触到一种新的组织形式，叫作去中心化自治组织（Decentralized Autonomous Organization，DAO）。这是一种用户因共同的目标而组织形成，利用区块链技术和智能合约程序制定和执行规则，从而保证公平的社区自我治理形式。

DAO 要达成的目标如下：

➢ 通过下放治理权让每位成员都掌握话语权；
➢ 形成扁平化的结构并创造灵活的工作流；
➢ 为实现核心目标分配资源。

DAO 可以理解为一种与社区分享价值的承诺，而寻求实现核心目标的路径是从群组演变成一个由成功驱动的社区。管理不再是层级制而是社区自治，运行不再依赖公司型组织而是由高度自治的社区替代。在一个理想状态的 DAO 中，管理可以是代码化、程序化、自动化的。"代码即法律"（code is law），依赖于智能合约，由于 DAO 运行在由利益相关者共同确定的运行标准和协作模式下，组织内部的共识和信任更易达成，可以最大限度地降低组织的信任成本、沟通成本和交易成本。数字通证（token）作为 DAO 治理过程中的重要激励手段，将组织中的各个经济要素（人、知识、事件、产品等）数字化、通证化，从而使货币资本、人力资本以及其他要素资本充分融合，更好地激发组织的效能并实现价值流转。

截至 2022 年 11 月，已经有超过 10 000 个 DAO 被专注记录 DAO 的数据集成平台——DeepDAO 所收录。DAO 根据设立的目的不同，可以分为以下几个常见的类型。

（一）协议型 DAO（Protocol DAO）

协议型 DAO 是 Web3.0 领域中最常见的组织形式，它将管理权力从核心团队转移到社区手中。协议型 DAO 开创了发行具有二级市场价值的、可转让的通证代币的先河。通证代币常用于协议项目的治理，这意味着只有通证代币持有者有权对网络底层机制进行提议、投票和执行变更。这在一定程度上接近于传统公司以股权的形式来实现对项目发展规划的实施和治理。

早期耳熟能详的项目如 Maker DAO、Compound 和 Uniswap 等都是协议型 DAO 的代表。以 Uniswap 为例，任何其项目通证代币 UNI 的持有者都可以提交修改或引入新功能的提案，并获得其他社区成员的批准。

（二）投资型 DAO（Investment DAO）

投资型 DAO 就是从其成员处筹集资金，并代表成员投资于所有成员都看好的项目。但是，与传统投资采用专属投资管理人的模式不同，投资型 DAO 将基金管理人、有限合伙人（LP）和普通合伙人（GP）等角色的职能转移给 DAO 成员，允许其成员决定投资时机与投资标的。投资型 DAO 通常会设有一个通用的运作目标或原则，采用提案机制进行投资决策；通常采用基于治理通证代币的投票机制来进行决策，这有助于实现整个投资过程的民主化和去中心化。

投资型 DAO 的例子包括 The LAO、BitDAO、NeptuneDAO 等。The LAO 是一个由分布在全球的以太坊支持者和专家组成的团体，他们的目标是，让来自世界各地的人们利用资本的力量激励和支持他们喜欢的项目。BitDAO 创立的愿景是分配大量资金和人才资源来推动去中心化金融（DeFi）增长，主要是在资金、研发和流动性方面。NeptuneDAO 的目标则是投资于 DeFi 生态系统的各种流动性机会。

（三）资助型 DAO（Grants DAO）

资助型 DAO 类似于投资型 DAO，成员们汇集资金并将其部署到各个目标中，但区别在于，资助型 DAO 并不是期望获得直接的财务回报而进行投资，而是旨在推进搭建更广阔的生态系统。它支持有前途的项目，并通过资助为新的贡献者开辟道路，这种力量对整个 Web3.0 生态的蓬勃发展是至关重要的。

Gitcoin 是这种模式的先驱，Gitcoin 的目标是通过建设和资助来开创开放互联网的未来。这是以太坊生态系统内的众筹平台，它利用一种新的、独特的"二次投票"方式来民主地分配资金，为一些关键的开源基础设施项目提供资助，否则这些项目可能难以获得开发资金。

还有一些有影响力的项目也建立了资助型 DAO 来扶植自己的生态，比如 Uniswap Grants、Fliecoin Grants、Compound Grants 等。

（四）收藏型 DAO（Collector DAO）

在非同质化代币（NFT）走入主流后，专注于收藏 NFT 的收藏型 DAO 就诞生了。收藏型 DAO 是将热衷于收藏某些数字藏品的收藏者汇集起来的组织，加入这一组织的收藏者通过注入资金获得投票权，决定对特定资产的投资。简单而言，这个逻辑就是社区成员共同决策、投资、持有或释放 NFT 艺术收藏品，共同维护一个 NFT 的收藏和投资组合。同时，收藏型 DAO 也降低了收藏品的投资门槛。

代表性的案例有 Jenny DAO，它是 2021 年创立的由社区驱动的 NFT 艺术品收藏 DAO，用户可以通过购买权益份额实现对艺术品的投资和治理。

（五）社交型 DAO（Social DAO）

社交型 DAO 旨在将志同道合的人聚集在以共同兴趣或目的

为中心的线上社区中，围绕通证进行治理和组织协调。虽然所有DAO 都有社交元素，但除非其主要卖点之一是社交元素，否则并不能算作真正的社交型 DAO。

社交型 DAO 是依靠身份证明和社区共识构建的活跃而庞大的社区，这种模式是非常有趣的，Bored Ape Yacht Club（BAYC）、Bored Ape Kennel Club（BAKC）都属于这种类型的社区。另外还有以篮球运动为中心的社交型 DAO——Krause House，其名字来源于已故的芝加哥公牛队总经理杰里·克劳斯（Jerry Krause），其目标是集聚社区的力量来实现将第一支由球迷拥有和管理的球队带入 NBA。

（六）服务型 DAO（Service DAO）

服务型 DAO 是一种旨在及时为区块链项目对接成熟的专业人才的组织。具体来说，这些组织扮演了人才聚合器的角色，它们将可直接用于某些项目的人才资源聚集在一起。它们看起来就像一种 Web3.0 领域的人才中介机构，将来自世界各地的人远程聚集在一起，以构建产品和服务。需求方可以为特定的任务设立奖金，一旦任务完成，便对有贡献的参与者提供激励。

为了维持服务型 DAO 的运营，需求方还需要向 DAO 的资金库支付一部分费用，而贡献者通常还会收到 DAO 的治理通证作为额外的激励。比较有代表性的有 RaidGuild、PartyDAO、DXdao。

（七）媒体型 DAO（Media DAO）

媒体型 DAO 旨在重塑内容生产者和消费者与媒体互动的方式，

打破了传统的作者、媒体和读者参与的内容发布方式，让世界各地的人都能参与到内容制作当中。媒体型 DAO 生成公共内容，通常是一起协作、共享奖励，从而保持治理的自主性。

它和传统媒体的最大区别在于，通过激励贡献来重新定义内容生产者和消费者的权利。无论是激励贡献的内容挖掘计划，还是头版话题的管理，权利都被交还给那些消费内容的人。例如，Bankless DAO 是一个去中心化社区，目标使命是通过创建用户友好的入口，让人们通过教育、媒体和文化发现去中心化的金融技术，推动对比特币（BTC）、以太币（ETH）等真正无银行货币系统的认识和采用。

以上我们介绍了几种按照不同目标而设立的 DAO 的组织形式，以及对组织的管理。这种新的组织形式的出现，并非替代现存的公司型的组织形式。而且 DAO 通常也是由一个核心团队发起的，这个时候的 DAO 并不是完全去中心化的，和现在公司型的创业企业一样由中心化团队来主导推动项目的发展。只是这种 DAO 的创建，本质是希望最终实现组织决策基于更去中心化的共识，通过社群成员共同的协作和贡献来实现设立的目标。所以 DAO 与公司也有许多相似之处。而随着各种应用场景的发展，DAO 的分类在不断出新，机制也更加成熟，这种激发创造者共识共建的组织形式会发挥出更大的商业效应。

三、数据所有权

在现代互联网社会中，每个人最离不开的也许就是账户，包括各种银行账户、社保账户、股票账户，以及我们登录很多互联网应用和社交媒体的账户等。这些账户的登录都依赖于提供服务的平台方，不管是银行还是互联网平台。一旦用户离开某个平台，或者平台对用户的账户加以管制，用户存储的所有金融资产或者数据资产都会面临无法转移的情况。更有甚者，如果平台不慎泄露用户的数据或者倒闭，用户在平台上的所有财产或者数据都将遭受意想不到的损失。核心原因在于，用户并不是对这些数据资产拥有完全控制权的所有者。

在 Web3.0 时代，我们对所有数据资产的完全控制权被定义为"数据所有权"。平台仅在用户允许授权的情况下处理交易或者访问数据，用户可以修改权限，设置谁可以访问自己的数据，并随时撤销授权。用户对数据资产的处置和转移不需要任何平台的审核，如果不再使用某项服务，仍可永久保留或者转移自己的数据资产，而平台本身无法删除或处置用户的数据资产。在默认情况下，数据资产永远不会离开用户的数字身份，用户可以按照自己喜欢的方式进行管理。

第三节
从 Web1.0 到 Web3.0，
互联网商业模式的迭代升级

Web1.0 特征为"可读"，Web2.0 特征为"可读 + 可写"，Web3.0 特征为"可读 + 可写 + 拥有"。这是目前对 Web1.0 到 Web3.0 的迭代升级最简洁易懂的描述。重点在于，"拥有"的表象是用户完全拥有数据的所有权。从更深层次来讲，数据所有权的确权最终改变的将是价值的创造和分配模式，从而重构一系列需要适应这种价值创造和分配模式的组织形式和商业模式。这是一个互联网经济模式的范式转移，这才称得上是一次革命性的迭代。我们借用一张图来更清晰地呈现 Web1.0 时代到 Web3.0 时代互联网迭代演进的轨迹（图 1–3 ）。

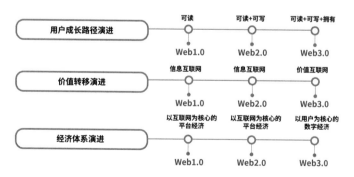

图 1–3　互联网迭代演进的轨迹

资料来源：姚前 . Web3.0：渐行渐近的新一代互联网 [J]. 中国金融，2022（6）：4.

我们耳熟能详的"流量经济"可谓互联网最具代表性的模式。用广告将用户价值变现的模式，主导了整个 Web1.0 时代，并且催生了一大批成功的互联网企业，尤以门户网站为代表。

以社交软件和电商平台的崛起为标志，我们进入了 Web2.0 时代。虽然广告依然是互联网产业收入的重要源头，但广告的变现模式基于数据算法有了迭代升级。一方面，随着互联网渗透率接近峰值，人口红利的瓶颈效应越发明显，互联网平台开始在存量客户中发掘价值的增量。利用大数据分析和算法演进，从海量用户数据中发掘出用户的特征画像，以及推算出消费行为习惯，借此开展精准营销和智能推荐，大大提升了用户价值变现的能力。Web2.0 时代开始将流量之争升级为数据算法之争。另一方面，网络效应的经济价值理论是：用户越多，价值越大，对网络的黏着度也越高。一个互联网平台的成功是靠每一个用户的社会关系，或者是用户所产生的内容堆积起来的。这点在脸书（Facebook）、微信、抖音等社交平台上表现得尤为明显。所以，Web2.0 时代的巨头都是数据驱动型大平台，维护它们高增长和高市值的核心驱动在于每一个参与用户的数据贡献。

既然讲到数据是平台价值的核心驱动因素，我们可以看一下作为数据生产者的"用户"是否完全收获了合理分配的价值。在 Web1.0 和 Web2.0 时代，用户大多可以免费使用平台服务，甚至获得平台的各种补贴福利来激发使用的积极性，有些平台还推出创作者激励计划来回馈内容创作者。价值交换的逻辑是用户获得了服务或者优惠，而平台获得了用户的数据价值，并以此促进平台价值的增长。但如果用量化的方法来评估这个价值交换的公平性，显然用户除了去资本市场购买股票，其他少有机会和平台的价值成长产生深度绑定。生态价值的创造者和平台之间的主导地位不对等，则最终的价值分配显然会偏向更有主导权的平台。

基于实现更加公平的价值分配方案的目标，Web3.0 首先倡导的便是赋予用户真正的数据所有权，使用户信息及用户创作的内容成为用户可自主掌控的数据资产。用户可以直接从数据资产的流转和交易过程中获益，使自己的数据不再是互联网平台的免费资源。Web3.0 利用区块链技术和代币通证模型让价值确认和交换的过程获得公平且公开的执行保障。

同时，Web3.0 也在尝试用新的组织形式来避免用户和平台之间不平等地位的产生。去中心化自治组织的出现，正是新互联网经济模式中的一种治理探索。在这样的模式中，众多互不相识的个体自愿参与分布式协同作业，项目决策依靠民主治理，由参与者共同投票决定，决策后的事项采用智能合约自动执行。没有中心管理者，去中介化，点对点平权，使得用户既是网络的参与者，也是价值的创造者和拥有者。因此，在 Web3.0 时代，互联网经济将迭代成为由用户与平台网络共建共享的价值互联网模式。

第四节
Web3.0 时代的互联网生态格局

本节我们引用 Coinbase[①] 在其官方博客中发布的一张 Web3.0 生态图来可视化地向大家展开介绍（图 1–4）。

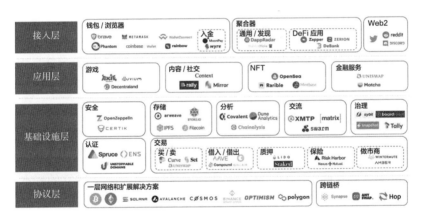

图 1–4　Web3.0 生态结构

资料来源：Coinbase 官方博客，"A simple guide to the Web3 stack"，2022 年 1 月 13 日。

---

① Coinbase 成立于 2012 年，是美国的一家加密资产交易所，向个人和机构提供包括比特币在内的一系列加密资产的交易服务。2021 年 4 月 14 日，Coinbase 在纳斯达克成功上市，成为第一家在美国上市的加密资产交易所。据其上市当日的收盘价计算，其市值达到了 858 亿美元，远超其他任何一家上市的传统金融交易所。

一、协议层（Protocol Layer）

在 Web3.0 堆栈（Stack）的底部是协议层。它由底层区块链架构组成，其他所有应用和服务都建立在它上面。

比特币是区块链的第一个应用，开创了人们通过使用加密技术拥有数字资产的先河。继比特币之后，以太坊开启了可编程化的智能合约，接着还出现了一系列如 Solana、Avalanche 和 Polygon 等以区块链为代表的一层网络（Layer 1）协议。

由于在协议层上搭建的应用火爆增长，区块链的设计者很快遇到了计算处理能力的瓶颈。为了缓解区块容量限制以及提升区块链的处理能力，在以太坊之上还构建了多个二层网络（Layer 2），比如 Optimism 和 Arbitrum。

区块链最出名的就是它去中心化的分布式记账方式，每个单独的链都是一个独立的账本，我们举例的 Bitcoin、Ethereum、Solana、Polygon 就是四条不同的链，也就意味着四个不同的、独立的账本，它们之间没有关联。对用户而言，一条链上存储的数据资产可以转移到另外一条链上，这样才能更好地实现价值流通和转移，整个价值互联网的生态才有意义。于是就有了跨链桥（cross-chain bridge）的出现，而 Cosmos、Polkadot 就是跨链技术的代表应用。

总的来说，协议层是构架众多 Web3.0 应用程序的基础，犹如打造了地基，之后一切应用都可以自由地在这块广阔的土地上搭建。

二、基础设施层（Infrastructure Layer）

基础设施层位于协议层的顶部，由可互操作（interoperable）的构建模块组成。在基础设施层提供的更多是工具性的应用，比如数据存储、通信协议、智能合约安全审计、链上数据分析、DAO治理工具、数字身份体系以及数字资产交易等功能。

例如，CertiK 可以为智能合约和区块链应用提供最先进的安全服务，建立区块链安全生态系统；Uniswap 允许将一种数字资产交换为另一种资产，实现数字资产的流通；IPFS 使数据能够以去中心化的方式存储；Dune Analytics 是进行区块链研究的强大工具，可用于查询、提取和可视化以太坊区块链上的大量数据；而 ENS 域名可以作为用户在 Web3.0 世界中的身份。

对每个独立应用程序而言，看似可实现的功能都是单一和具体的。但是在可互操作的开放式协作思维下，可以让这些应用组合起来，Web3.0 的开发人员可以以搭建乐高积木的形式来快速构建新应用程序。

三、应用层（Use Case Layer）

Web3.0 生态的应用层也许是未来用户黏着度最高的领域，这与目前移动互联网的应用中，游戏、社交和电商往往是用户使用时长最长的几个类别一样。所以我们可以大胆的想象，在 Web3.0 的成熟阶段，会有大量热门类别 App 的 Web3.0 版本大行其道，而且还会有新的应用类别出现，甚至成为我们生活中必不可少的随身工具。

目前已经出现一些 Web3.0 的应用，比如区块链的元宇宙游戏。以 Decentraland 为例，用户可以通过在 Decentraland 平台中创建、体验、开发 NFT 和相关程序来获取收益，通过购买区块链土地账本来获取独属于自己的"领地"。在领地内，所有者对领地拥有绝对的权利，可以发布静态三维（3D）场景、游戏等互动式系统。同样，以创作者经济模式打造的去中心化博客平台 Mirror 使用去中心化存储协议 Arweave 来存储数据，通过 Web3.0 技术来支持内容创作的功能及赋予社区权利。而创作者驱动网络 Rally 可以帮助创作者通过自定义加密货币更好地与粉丝互动，重构创作者和粉丝之间的关系。双方会共同拥有和发展数字品牌，创作者可以获得比过去任何时候都更加紧密、参与度更高的粉丝社区。

四、接入层（Access Layer）

接入层，顾名思义就是作为传统用户进入 Web3.0 世界中，调用各种应用和参与各种活动的入口的应用程序。

比如，在 Web2.0 时代我们最熟悉的体验是，每启用一个新的应用都需要注册账户。同样地，进入 Web3.0 世界，我们需要做的第一件事就是拥有一个数字钱包，它将成为我们进入大多数 Web3.0 应用程序的主要入口。

很多 Web3.0 应用的调用和交互需要消耗一些相应的通证 / 代币，像 MoonPay 这样的新兴支付机构，甚至万事达（MasterCard）

和维萨（VISA）都推出了相应的服务。在一些法律允许的地区还提供了法定货币和数字货币的交换服务，帮助用户拥有进入 Web3.0 的数字资产。

在 Web3.0 世界，用户可以通过像 DappRadar 这样的聚合器，在一个地方浏览并连接到各种 Web3.0 应用程序。RabbitHole 可以帮助用户学习如何使用各种 Web3.0 应用程序。Zapper 和 DeBank 这类聚合器，可以帮助用户在各种应用程序中跟踪他们的活动和资产。

极度依赖社交媒体是现代社会大多数人的生活现状，目前已经有主流的社交软件开始拥抱 Web3.0，比如红迪网（Reddit）和推特（Twitter），正在成为 Web3.0 的重要入口。Reddit 期待已久的加密计划将允许某些社区代币化，用代币奖励用户，从而使用户积极参与到 NFT 项目中。Twitter 用户可以使用小费功能，平台将允许用户支付和接收比特币。

我们正在迎来 Web2.0 与 Web3.0 的融合以及从 Web2.0 到 Web3.0 的过渡，而接入层正好就是一个桥梁。

第五节
Web3.0 与元宇宙

2021 年被称为"元宇宙元年"，元宇宙第一股罗布乐思（Roblox）在纽交所上市，市值迅速突破 400 亿美元。2021 年底，拥有 20 亿用户的 Facebook 正式宣布改名为 Meta，全力进军元宇宙。

一时间，"元宇宙"在还没有被完全定义的时候，就铺天盖地地向我们袭来。而 Web3.0 总是伴随着元宇宙一起被讨论，两者在概念描述方面多有相似之处，也似乎有重叠，让许多人都搞不清楚这二者之间到底是什么关系。

那么，Web3.0 和元宇宙之间有什么关系呢？区别又是什么？

根据维基百科的定义，元宇宙是一个聚焦于社交联结的 3D 虚拟世界的网络。元宇宙包括物质世界和虚拟世界，是一个独立运作的经济系统，用户化身和数字资产在元宇宙不同部分之间可转移。元宇宙将会是去中心化的（没有中央统一管理机构），将有许多公司和个人在元宇宙内经营自己的空间。元宇宙的其他特色包括数字持久化和同步，这意味着元宇宙中的所有事件都是实时发生的，并具有永久的影响力。元宇宙生态系统包含了以用户为中心的要素，例如头像、身份、内容创作、虚拟经济、社会可接受性、安全、隐私、信任和责任。

这个定义对大多数初步接触元宇宙的人而言过于抽象，不好理解。我们可以简单展开来了解一下元宇宙的生态具体包含了什么，与用户或参与者有什么关系。

2021 年，社交媒介公司 GamerDNA 创始人、社交游戏发行公司 Disruptor Beam 首席执行官乔·拉多夫（Jon Radoff）提出的元宇宙七层产业链图谱（图 1-5），是目前行业内接受度比较高的一种理论。

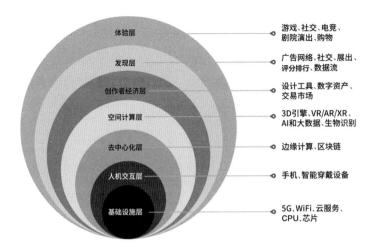

图 1-5　元宇宙七层产业链图谱

资料来源：乔·拉多夫发布于 Medium 的博客文章 "Building the Metaverse"，https://medium.com/building-the-metaverse/market-map-of-the-metaverse-8ae0cde89696。

◆　体验层（Experience）——映射现实世界的生活场景

在元宇宙的世界里，可以把人类生活场景的方方面面映射进数字世界，同时给予用户和参与者在立体空间中的沉浸感。当物理结构的现实世界数字化之后，可以实现体验边界的拓展，用户体验可以变得更加丰富。在虚拟世界中，用户可以获得在现实世界中无法拥有的体验。

但我们不能简单地认为元宇宙就是围绕我们所处环境构建的虚拟三维空间。对这个空间的定义和想象不应该是具象的，用一种"非物质化"的抽象思维去理解也许能让未来元宇宙的构建有更大的想象空间。所以在元宇宙中的"沉浸感"体验，除了身体感官上的体验，还将会衍生出社交沉浸感。

◆ 发现层（Discovery）——流量引导和流量运营

发现层主要聚焦于如何把人们吸引到元宇宙中。这与 Web2.0 时代的数字营销和流量运营一脉相承，通过内容的生产和数字化分发来捕获用户流量，形成元宇宙各项应用的流量入口。

不论是更具 Web3.0 风格的社区驱动型内容（community-driven content），还是传统的用户生成内容（UGC）、专业生成内容（PGC），应用商店、搜索引擎、社交软件和电子邮件等目前常用的数字营销工具都会扮演重要的流量引导角色。

◆ 创作者经济层（Creator Economy）——共享及共创

现如今，已经初见创作者经济的样貌，那些活跃在社交媒体上的"网红"和"大 V"就是典型的代表。内容创作者通过文章、照片、视频及其他形式的数字内容产品在社交媒体平台上取得了很大的成功，成为构建创作者经济层的主要力量，并将继续成为推动元宇宙世界发展的增长引擎。元宇宙的沉浸感体验，将使这个构建空间内容生态的过程更加多维发展，使更多不同专业背景的创作者参与进来。而这个数字化构建的过程，离不开技术。所以创作者经济层还包含创作者使用的所有技术。

各种引擎和平台的搭建，使不会代码的创作者也可以在数字世界中轻松进行创作。例如，你可以花几分钟在 Shopify 中搭建一个跨建电商网站，而无须知道一行代码；可以在 Unity 和 Unreal 等游戏引擎中打造 3D 图形体验，而无须触及较低级别的渲染 API（应用程序编程接口）。

创作者获得了工具、模板和内容市场，将以代码为中心的开发过程重新定位为以创意为中心的开发过程。平台提供整套集成工具，使人人都有机会创作出自己的内容并且分享出去。基于区块链技术的通证经济体系的发展又保证了创作者可以将内容变现，以激励更多的人参与。

◆ 空间计算层（Spatial Computing）——实现无边界融合的关键技术

空间计算是实现元宇宙世界与现实世界无边界融合切换的关键技术。空间计算允许用户在与现实非常相似的虚拟宇宙空间中以化身工作、购物和互动，让人类创造并进入虚拟的 3D 空间成为可能。

空间计算已经发展成为一种技术类别，主要包含生物识别技术、3D 引擎技术、用户交互技术、虚拟现实 / 增强现实 / 扩展现实（VR/AR/XR）技术、地理空间映射技术、人工智能（AI）和大数据技术等。这些技术共同作用，使得人们可以随时随地进入元宇宙世界，并用更多的信息和经验来增强现实世界。

◆ 去中心化层（Decentralization）——区块链技术构造的生态核心

去中心化是元宇宙生态的核心，它不属于某一组织或平台，而是属于每一个参与者，这样才能使创作者经济真正发展壮大，利用区块链底层技术实现元宇宙的共创、共享及共治。目前区块链及边缘计算是实现去中心化的关键技术。边缘计算是提高算力的关键，能在低延迟的情况下实现强大的应用，而不会让我们的设备承担所有的工作，可以高效处理元宇宙世界产生的庞大的数据。

♦ 人机交互层（Human Interface）——高沉浸感的技术核心

人机交互是一门研究系统与用户之间的交互关系的学问，是人与计算机之间使用某种对话语言，以一定的交互方式完成确定任务的信息交换过程。

触摸式交互是目前应用最为广泛的一种人机交互方式。人工智能的语音交互，以及运用在体感游戏机上的手势交互也逐步开始进入成熟使用阶段。未来，配合硬件设配的穿戴式交互，以及正在试验阶段的脑机交互技术（Brain-Computer Interface，BCI），将为我们实现元宇宙的高沉浸感贡献力量。

♦ 基础设施层（Infrastructure）——构建元宇宙世界中的基础设施

基础设施层包括支持我们的设备、将它们连接到网络并提供内容的技术。其中，5G/6G 网络将在显著提高带宽的同时减少网络争用和延迟；AI/GPU（显示芯片）可以大幅提高算力，提升机器学习算法的训练速度，处理更加庞大的数据。另外还包括下一代更小型化、高性能化的硬件移动设备和可穿戴设备等。

本书的重点不在于元宇宙，所以，感兴趣的读者可以自行做一些研究。我们需要理解的是，元宇宙作为一个宏大的概念，并不是指一种技术、一个产业，而是指一个庞大的社会经济系统或虚拟世界。可以想象，建成一个拥有可运行的经济系统的虚拟世界谈何容易。而目前，许多元宇宙相关项目都仍然停留在早期投研阶段，甚至只是概念炒作的阶段。

再回到 Web3.0 的概念，结合前面我们所介绍的三大标签，与元宇宙的生态比对，不难得出一些结论：Web3.0 和元宇宙是两个有一定相关性的独立概念，两者之间不能画等号，也没有包含和被包含的关系。

在整个元宇宙生态图景中，有部分层面的生态构成具有 Web3.0 所强调的一些特征元素，尤其是创作者经济层和基础设施层。显而易见的不同是，元宇宙包括用户的沉浸体验，以及实现这种体验的技术和物理工具；而 Web3.0 的特征更多是抽象的，非感官触达形式的。

从技术层面来讲，区块链是 Web3.0 的基础建设，为 Web3.0 的开放性、共识共建、所有权归属的特征提供了技术的可行性。区块链是元宇宙的基础建设构成之一，但既不是全部条件，也不是必要条件，还需要与很多其他软硬件和技术结合来共同构造。所以 Web3.0 与元宇宙在技术基础建设方面有一定的交集。

Web3.0 的开放性、共识共建、所有权归属特征在创作者经济层所起到的作用，是整个元宇宙社会经济体系的一个重要核心。除具象化的硬件之外，元宇宙还具有抽象空间和社会关系的概念，而 Web3.0 具有经济模式和治理体制的概念。所以从这个层面上来理解，两者之间更像一个运行的实体和运行的规则这种虚实结合的关系。制度和模式需要在空间和社会中实施才能实现价值，而 Web3.0 领域的应用之一——NFT（后面会展开详细介绍）或者其他数字化的资产通证，给元宇宙的经济体系提供了价值产生和转移的实现方式，成为元宇宙经济增长的引擎。

总结而言，在当下 Web2.0 时代，我们主要基于以技术为底层核心的互联网思维打造了一个数字化的社会。而随着 Web3.0 时代的到来，Web3.0 将作为一种技术和与经济体制结合更紧密的"下一代互联网思维"，引导我们去实现构建元宇宙的梦想。

第六节
Web3.0 时代，AIGC 如何解放创造力

2022 年末，一款由人工智能实验室 OpenAI 发布的人工智能聊天机器人 ChatGPT 火爆出圈，成为全世界关注的热点。从零到一亿用户，ChatGPT 只用了 3 个月的时间。在这个增长速度面前，其他霸主级应用如 Twitter、TikTok，都只能望其项背。

一、ChatGPT 是什么

ChatGPT 是一款由人工智能技术驱动的自然语言处理（NLP）工具。它能够通过学习和理解人类的语言来进行对话，还能根据聊天的上下文进行互动，真正像人类一样聊天交流。ChatGPT 与此前的人工智能最大的不同之处在于，它可以质疑用户提问时预设的错误条件，并且拒绝用户提出的不当请求，甚至还会承认自己的错

误。在这种意义上来说，和 ChatGPT 对话，更接近于和一个有温度的人进行对话，而非机器间程序化的问答。

而 ChatGPT 的强大之处远不止于问答，它还可以胜任数据处理的任务，比如对数据和内容进行比较，对核心内容进行提炼等，其能力丝毫不亚于一个中高水平的分析师。在处理分析之外，ChatGPT 还能完成创造性的任务，包括文案创作、视频脚本撰写，甚至还可以编写和调试计算机程序代码。

红透半边天的 ChatGPT 是 AIGC 的一项应用，AIGC 全称为 Artificial Intelligence Generated Content，即人工智能生成内容。其实在 ChatGPT 爆红之前，AIGC 早已历经了几十年的发展。自 2021 年开始，AIGC 日渐频繁地出现在一些主流财经、科技类的媒体报道之中。到了 2022 年，深度生成模型中目前最先进的扩散模型（Diffusion Models）的出现，直接推动了 AIGC 应用的突破性发展，许多基于 Stable Diffusion 模型的应用纷纷入局，也正因如此，2022 年被称为"AIGC 元年"。

二、AIGC 的发展历程

根据中国信息通信研究院发布的《人工智能生成内容（AIGC）白皮书 2022》，AIGC 的发展历程大概可以分为三个阶段。

（一）萌芽期（20 世纪 50 年代—90 年代）

1950 年，计算机科学和密码学先驱艾伦·图灵（Alan Turing）

提出了"人工智能"的概念。如果没有他的贡献，我们很可能不会看到今天这么多的 AI 应用。图灵还提出了著名的"图灵测试"（The Turing Test），该测试提供了判断机器是否具有"智能行为"的方法，即机器是否能够像人类一样思考并生成内容以进行交互。图灵测试的提出是因为，图灵相信人类可以制造出会思考的机器，但他思考了一个问题："如何判断机器能否思考？"图灵测试至今仍在使用。

图灵测试问世之后，一直到 20 世纪 80 年代中期，IBM 创造了能处理约 2 000 个单词的语音控制打字机"坦戈拉"（Tangora），但并没有太多突破，AIGC 总体仍然处于小范围实验阶段。

（二）孕育期（20 世纪 90 年代—21 世纪 10 年代）

进入 20 世纪 90 年代，深度学习算法取得了重大进展。同时，图形处理器（Graphics Processing Unit，GPU）和张量处理器（Tensor Processing Unit，TPU）等算力设备性能不断提升，互联网的出现为各种人工智能算法提供了大量的训练数据，数据规模迅速扩大。这些进步共同推动了人工智能的发展。

2007 年，世界上第一部完全由人工智能创作的小说《1 The Road》问世。2012 年，微软（Microsoft）展示了一个全自动同声传译系统，利用深层神经网络（Deep Neural Network，DNN）实现了自动将英文演讲内容转换为中文语音，实现了语音识别、语言翻译和语音合成等技术的全自动化。AIGC 开始逐渐从实验向实用转变。

（三）成长期（21 世纪 10 年代至今）

2014 年，深度学习算法中的对抗生成网络（GAN）提出并不断更新完善。2018 年，英伟达发布了 StyleGAN 模型，使计算机可以自动生成高质量的图片。随后，在 2019 年，DeepMind 发布了 DVD–GAN 模型，可以生成连续的视频内容。2021 年，OpenAI 推出了 DALL·E 模型，它可以生成高质量的卡通、写实和抽象等风格的绘画作品。2022 年，DALL·E 升级至 DALL·E 2 版本，只需简短的文字描述，就可以创作出令人惊叹的高质量绘画作品。直至 2022 年底 ChatGPT 的大爆发，AIGC 行业进入了高速成长期。

到目前为止，AIGC 已经取得了突破性的进展，让更多的人意识到其强大的潜力，并且相信 AIGC 将会对未来产生巨大的影响。

三、AIGC 的概念界定

目前，对 AIGC 这一概念尚无统一规范的界定。国际上与之相类似的概念是合成式媒体（Synthetic Media），其定义为通过人工智能算法生产、操控与修改数据或媒体的技术，包括文本、代码、图像、语音、视频和 3D 内容等。同 Web3.0 和元宇宙一样，AIGC 也是前沿性的领域，最终的定义需要在一个更长的进化周期中被固化下来。但是我们可以从三个角度来理解这一概念的实质。

第一，从技术角度出发，这是一类基于人工智能前沿科技的内容自动化生成技术，前面我们已经介绍了从 20 世纪 90 年代开始的一系列技术的创新和迭代。

第二，从内容生产角度出发，这是一种新的生产方式。对创作者而言，PGC 和 UGC 模式已经相当成熟和普遍，AI 辅助用户创作（AI-assisted Generated Content）也作为一种工具融入 PGC 和 UGC 之中。以纯 AI 方式生成机器创作已经有一定的应用基础，在 Web3.0 领域中很多知名 NFT 项目都是完全由 AI 生成的。我们能预期，由 AI 主导的内容生产方式将快速成长。

第三，从内容产品角度出发，数字化创作的作品已经成为目前数字社会中的主流，数字作品虽然容易被复制，但是配套的版权保护法律日趋成熟。AIGC 的作品本身就是一个"生成"内容，是一种数字产品或数字商品，这将对版权界定提出新的要求。

四、AIGC 如何解放 Web3.0 时代的创造力

（一）Web3.0 时代需要更多的数字化内容供给

这里的"更多"包含了两层意思，一是数量上的更多，二是形式上的更多样化。

在 Web2.0 世界中，AIGC 已经开启在各个领域的广泛探索。为了满足不断增长的数字内容需求，内容的生成方式从单一的 PGC 演变为现在的 UGC 占据主流的格局。互联网平台所推出的 AI 工具，已经是初级的 AI 辅助生成的应用。移动手机功能的进一步强大，让 UGC 的门槛在降低，质量在提高，产量在增加。YouTube、

Instagram、抖音、快手、哔哩哔哩（B 站）上有大量的内容来自个人创作者，而我们已经能够看到社会经济体系中依附于这些主流平台而产生的内容创作者群体，他们的经济生态和平台是相辅相成的。

Web3.0 时代为数字产品的创作者提供了更友好的经济机制和技术保障，伴随着同步崛起的人工智能、关联数据和语义网络构建，形成了人与网络的全面链接，内容消费需求将飞速增长。PGC、UGC 分别被产能与质量所束，难以满足快速增长的内容需求，而 AIGC 的发展能够在现有的 AI 辅助基础上更大地提升生产效率，更多地输出高质量的数字内容。目前 Web3.0 已经较早地拥抱了 AIGC，一些知名的艺术创作以及同步生成的 NFT，都采用了 AIGC 的算法合成方式来快速创作，并且成为市场追捧的热点。比如最知名的项目之一"无聊猿"（BAYC），有 1 万个不同的形象图片，但这些图片是由算法将不同的部位区别组合形成的，并不是手动拼搭完成的，这大大提高了内容生成的效率。

关于形式的多样化，目前我们的数字内容是以文字、音频和视频形式为主。在我们可预见的未来，元宇宙空间中的数字内容会增加更多沉浸式体验的产品形式，这种新形式的创作能力是目前的主流内容创作人群所不具备的。AIGC 的能力和效率远比常人要高出许多，高水平的专业人士完全可以利用好这个技术，以更高效的方式产出，甚至创造真人所不能创造的超现实内容产品。这将是内容生态发展过程中的新一轮范式转移。

（二）Web3.0 时代的编码技术瓶颈将被打破

目前创新发展一个大的障碍就是创作者的技术门槛，由于以代码形式设定的智能合约将会决定应用的实现价值，如果这个技术门槛能被突破，那 Web3.0 世界中的创新将呈现指数级的增长。

AIGC 在内容创作方面的应用不仅是新闻、报告等文字内容的撰写，还包括代码编写和纠错能力。文本内容创作本质上是对语言的运用，代码编程语言则相对更结构化，但是对于不掌握基础知识的普通人来说界面相当不友好，而 AIGC 的处理逻辑恰恰相反。

现实中的代表应用如微软、OpenAI、GitHub 三家联合打造的 AI 编程辅助工具 GitHub Copilot，它拥有强大的上下文理解能力，无论是在文档字符串、注释、函数名还是代码主体中，都能根据编程者写出的上下文生成匹配的代码。用户用文字输入代码逻辑，Copilot 就能快速理解，并根据海量的开源代码生成子模块供开发者使用。除了补全函数，Copilot 还能根据注释写出代码。如今,GitHub Copilot 生成的程序中，有近 40% 的代码是由 AI 编写的。随着 AIGC 技术在未来的普及，我们能预见 Web3.0 时代加密协议的开发效率将得到极大的提升。

（三）AIGC 将是 Web3.0 时代元宇宙游戏的新叙事

我们有理由相信，游戏应用会成为未来元宇宙的重要流量入口，而 AIGC 与 Web3.0 时代元宇宙游戏结合，将有机会大幅提前这个重要流量通道的爆发。

目前已经有不少企业在积极布局这个领域，比如 rct AI 是一家为游戏行业提供 AI 解决方案的创业公司。2019 年，该团队获得知名创业孵化器 Y Combinator 的数百万美元种子轮融资，此后又获得 Makers Fund 领投的千万美元的 A 轮投资，2021 年 11 月，rct AI 又获得了元宇宙资本、Galaxy Interactive、HashKey Capital 等参投的 1 000 万美元 A3 轮融资。

rct AI 的 AI 算法可以在游戏中大规模地轻松生成具有智能意识的虚拟角色，这些虚拟角色所扮演的 NPC（Non-Player Character，非玩家角色，即游戏中不受真人玩家操纵的游戏角色）的行为和对话不会重复，皆为场景动态生成。通过高真实感的对话、行为等动态交互，让玩家的体验大幅提升，增加玩家的游戏时长，同时提供新的变现途径。

AIGC 的运用不仅可以提升仿真感，在推动 Web3.0 时代元宇宙游戏发展的进程中，还能以 AI 生成游戏本身的内容和结果。未来的游戏将会从由游戏设计者规划好的、可以预测结果和发展路径的模式，转变为依靠用户参与产生交互行为数据、由 AI 生成并输出游戏发展结果的模式。在 Web3.0 时代的游戏中，用户将通过 AIGC 来创造游戏中的场景，甚至是创建自己的虚拟人，不同的玩家将对应不同的游戏剧情和副本，这无疑将是令人兴奋的应用。

五、Web3.0 和 AIGC 的发展相辅相成

区块链、元宇宙、Web3.0 均描述了数字经济时代中宏大的应用场景，而 2022 年被资本市场关注的虚拟人、NFT 等只是其中的具体应用之一。我们认为，AIGC 将是推动数字经济从 Web2.0 向 Web3.0 升级的重要生产力工具。一方面，其对现有的杀手级应用——短视频、游戏等具有颠覆式影响，或进一步扩大内容量、提高成瘾性，同时为社交和广告提供新的工具；另一方面，在 Web3.0 开放、共建的价值观下，UGC、AIGC 的内容会更具吸引力，二次创作、开放想象的浪潮将来临。目前 AIGC 已成为硅谷最新的热门方向，国内一级市场、互联网大厂等对 AIGC 应用的关注度也在快速提升中。

人工智能的挑战之一是它需要大量数据来训练算法，2020 年 OpenAI 推出 GPT-3 将 GPT 模型提升到全新的高度，其训练参数达到了 1 750 亿，这个数据量相对于前两个版本是指数级的增加。据称 ChatGPT 每一次的训练要耗资数百万美元。

窥斑见豹，不难想象推动 AIGC 发展势必还是巨头的游戏，虽然 OpenAI 在 2015 年成立之初是一家非营利机构，目标是以安全的方式实现通用人工智能，使全人类平等受益。但在 2019 年，OpenAI 改变了他的组织性质和机构，成为由一家名为 OpenAI Inc 的母公司控制的营利性公司，只不过设置了一个利润上限，即股东的投资回报被限制为不超过原始投资金额的 100 倍。随之而来的消息就是，微软通过注资 10 亿美元和 OpenAI 达成战略合作，获得

了将 OpenAI 的部分技术商业化的权利。

一篇题为《OpenAI 如何因为 10 亿美元出卖自己的灵魂》(*How OpenAI Sold its Soul for $1 Billion*)的文章在社交平台 Reddit 上引起了热议，业界也不乏各种批评的声音，指责 OpenAI 为了金钱而出卖自己原有的"造福人类"的宗旨。

不管评价如何，我们必须接受的是，一个长期需要高投入的科研项目是很难脱离资本的影响的。除资金之外，数据资源的版权也是一个未来长期需要在法律制度层面不断完善的问题。而未来最大的挑战，还是在于巨头对资源的垄断所造成的不公现象更为加剧，这既不利于行业的发展，更难保证所谓"全人类的福祉"。

而在 Web 3.0 的时代，通过引入代币激励的模式，也许可以在中心化巨头之外获得更多用户的参与、支持和授权。有理论将 AIGC、NFT 和 VR 称为元宇宙和 Web3.0 的三大基础设施，我们对这个观点不作过多的评判，但 AIGC 一定是未来数字世界的基础设施，这个是必然的。基础设施有其自身的普适性、开放性，这样才能将整个 Web 3.0 数字世界的利益最大化，这也许才更接近全人类的福祉。

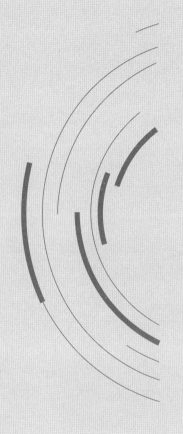

2

第二章

Web3.0 基础入门

在前面的章节中，我们主要从概念上给大家普及了"什么是Web3.0"，令大家对Web3.0有一个初步的认知。在本章中，我们将展开介绍一些基础的专业知识，尤其是入门必不可少的"硬知识"。

第一节
关于区块链的"硬知识"

一、区块链的分类

区块链是一个分布式的共享账本或数据库，存储于其中的数据或信息具有去中心化、不可篡改等特点。区块链的"区块"，类似于我们储存数据用的硬盘，是保存区块链上信息的地方。通过密码学技术进行加密，可以保证这些被保存的信息数据无法被篡改。为了适应不同的应用场景和需求，区块链根据不同的准入机制可以分为公有链（Public Blockchain）、联盟链（Consortium Blockchain）和私有链（Private Blockchain）三种基本类型（图2-1）。在实际应用中，单一的某种区块链常常无法满足用户需求，就出现了多种类型的结合，比如私有链+联盟链、联盟链+公有链等不同组合形式。从链与链的关系来看，区块链还可以分为主链和侧链。

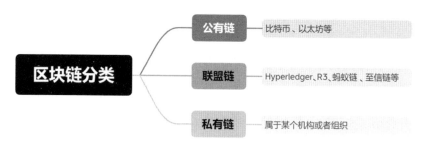

图 2-1　区块链分类

（一）公有链

公有链是参与最广泛的区块链，它也是区块链技术得以附着的底层应用。从严格意义上来说，公有链是指任何参与节点都可读取、任何参与人都能发送交易且交易能获得有效确认、任何人都能参与其共识过程的一种区块链。

公有链通常被认为是"完全去中心化"的，因为其理论上是由全部节点参与的共识过程来决定哪一个区块可被添加到区块链的主链当中。公有链一般会通过代币机制鼓励参与者竞争记账，以确保数据的安全性。公有链通常适用于加密货币、面向大众的电子商务、互联网金融等企业对个人（B2C）、个人对个人（C2C）或个人对企业（C2B）应用场景，比特币和以太坊等就是典型的公有链。

（二）联盟链

联盟链是指由若干个机构共同参与管理的区块链，每个机构都运行着一个或多个节点，其中的数据只允许系统内的机构进行读写和发送交易，并且共同记录交易数据。

一般来说，联盟链适用于机构间的交易、结算或清算等 B2B 场景。例如，在银行间进行支付、结算、清算的系统就可以采用联盟链的形式，将各家银行的网关节点作为记账节点，如果网络上有超过 2/3 的节点确认一个区块，则该区块记录的交易将得到全网确认。联盟链对交易的确认时间、每秒交易数都与公有链有较大的区别，对安全和性能的要求也比公有链高。

和公有链相比，联盟链可以看成是"部分去中心化"。同时，因为节点数量得到了精简，它可以有更快的交易速度、更低的成本。

（三）私有链

私有链是指其写入权限由某个组织和机构控制的区块链，参与节点的资格会被严格限制。

私有链的应用场景一般是企业内部，如数据库管理、审计等；在政府机构也会有一些应用，比如政府的预算制定和执行，或者政府的行业数据统计，这个一般由政府登记，但公众有权监督。

私有链的价值主要是提供安全、可追溯、不可篡改、自动执行的运算平台，同时可以防范来自内部和外部对数据安全的攻击，这在传统的系统中是很难做到的。

二、分布式记账

从国际贸易、商业交易到个人消费，都离不开"记账"这一看似普通却又必不可少的操作。进入现代金融时期，无论是资金的流转，还是资产的交易，都依赖于银行、交易机构正确维护其记账系统。

人类商业文明的整个发展历程，也是记账方式持续演化的过程，而当下记账科技（Ledger Technology）已经是金融科技（Financial Technology，Fintech）中的重要组成部分。

伴随着比特币的诞生，区块链技术应用在 2008 年向世人展示了它的技术理念，但比特币项目上线后，由于价格涨幅没有出现现象级的爆发，在很长一段时间里并未获得太多关注。反而是区块链应用于账本记录，以及分布式记账技术（Distributed Ledger Technology，DLT）被当时的主流金融科技界频繁讨论。

分布式记账又叫分布式账本，直观的理解就是分布在多个节点或计算设备上的数据库，每个节点都可以复制并保存一个分类账，且每个节点都可以进行独立更新。

网络内节点之间的操作需要按照设定的规则来执行，规则设定后做任何更改都需要进行投票，以确保其符合大多数人的利益。这种规则又被称为"共识"，共识一旦达成将按照程序自动运行，分布式分类账就会实现自动更新，分类账的最新数据将分别保存在每个节点上。

分布式记账与传统记账最大的区别在于记账的节点数量。我们暂且用记账人来比喻节点，一个公司的账本可能是由一个或者几个财会人员来完成，一个集团可能有几十个，甚至上百个财会人员。但因为有激励机制的存在，分布式记账的人数可以比传统记账的人数多出几百倍，整个系统中所有参与的用户都能看到这个记账过程。而用户与用户之间是毫无关系的，这样一来，一方面，分散部署大大提升了数据的安全性；另一方面，分布式记账的过程完全公开透明，如果有一个节点造假，将很容易被发现。用分散的共识节点来消除造假的机会，这也保障了分布式账本是不可篡改的。

分布式记账技术解决了记账过程中的信任成本问题，我们在学习区块链的时候，可以从它可实现的分布式记账功能入手来了解区块链的工作原理。

那么，区块链技术就是分布式记账技术吗？答案是否定的，两者之间并不能画等号。简单而言，区块链是分布式记账技术的一种形式，每一条区块链都是一个分布式账本，区块就是保存区块链上信息的地方。分布式账本有一个同步数据库系统，这与由中央管理员控制用户数据存储的传统数据库不同，它可以提供可审计操作的历史记录，并且对任何网络内成员都可见。

但并不是所有的分布式账本都是基于区块链的，因为实现分布式记账并非只能通过区块链这一项技术来实现。

此外，广义的区块链主要是指前面提到的公有链，这里会增加一个激励机制来确保整个网络节点的中心化运行，因为节点关联度越低、越分散，整个分布式记账的安全性、可靠性就越高。

而一些联盟链或者私有链的数据存储分布确实可以是分散的，但运营还是统一的中心化管理，在机制上还不能完全规避中心化的风险。

三、共识机制

区块链作为一种按时间顺序存储数据的数据结构，可支持不同的共识机制。共识机制是区块链技术的重要组件。区块链是去中心化的，采用分布式记账技术，没有中心记账节点，所以区块链共识机制的目标是使所有的节点保存一致且有效的区块链信息。

目前有工作量证明（Proof of Work，PoW）、权益证明（Proof of Stake，PoS）、代理权益证明（Delegated Proof of Stake，DPoS）等几种主流共识机制，其中最重要的两种是 PoW 和 PoS。

（一）PoW 引入对一个特定值的计算工作任务

PoW 通过算力的比拼来争夺下一轮区块内容的记账权，并由此获得由区块链网络所奖励的一部分通证代币，这就形成了对区块链内容进行验证记录的服务提供者的正向经济激励，以此维持区块链网络的运行。PoW 要求节点消耗自身算力尝试不同的随机数，从而寻找符合算力难度要求的哈希值。不断尝试不同的随机数，直到找到符合要求的为止，此过程被称为"挖矿"，而从事这种计算破解工作以追求获得网络回报的人就被称为"矿工"。

采用 PoW 共识机制的典型代表就是比特币，矿工们在争夺区块链的记账权，一旦赢得打包记账权，将会获得系统送出的比特币作为奖励。所以矿工们必须对 SHA-256 密码散列函数进行运算。区块中的随机散列值以一个或多个 0 开始，随着 0 的数目上升，找到这个解所需要的工作量将呈指数增长，矿工需要通过反复尝试找到这个解。

由于比特币矿机在高速运行计算破解的过程中要消耗大量的电力，目前包括我国在内的一些国家和地区已经明确颁布了一些限制性法令，禁止或者不鼓励这种大量消耗能源的产业。

（二）PoS 通过所持有的通证数量和时间来决定记账权的归属

PoS 机制通过计算每个节点所占代币的比例和时间，等比例地降低挖矿难度，能够在一定程度上缩短达成共识的时间，从而加快找到随机数的速度。

PoS 机制的优势在于它可以解决 PoW 机制中的能耗问题，所以是更加环境友好的区块链共识机制。据推测，以太坊的共识机制从最初的 PoW 转向 PoS 后，预期可以将能源消耗减少大约 99%。

但 PoS 同样也有很大的缺点。一方面，它很容易造成强者恒强的局面，即谁的通证代币更多，谁就更容易获得更多的代币；另一方面，理论上谁能掌握 51% 的代币，谁就能掌控整个网络，所以它的去中心化程度要弱一些，安全性也更弱一些。

四、智能合约

（一）什么是智能合约

智能合约是能够自动执行合约条款的计算机程序。智能合约由代码进行定义，并由代码强制执行，完全自动且无法干预，是用计算机语言取代了法律语言记录条款并由程序自动执行的合约。它们通常用于自动执行协议，以便所有参与者都可以立即确定结果，而无须任何中间人参与，也不会浪费时间。它们还可以自动完成工作流程，在满足条件时触发下一个操作。简单来说，智能合约就是数字化版本的合约，部署在区块链网络上，由程序自动执行。

（二）智能合约的工作原理

智能合约工作时遵循简单的"if/when... then..."语句，这些语句被写入区块链上的代码中。当满足并验证预先确定的条件时，计算机网络将执行操作。这些操作可能包括向相应的各方发放资金、发送通知或开具凭证等。然后，在交易完成时会更新区块链记录。这意味着交易无法更改，只有获得许可的各方才能看到结果。

（三）智能合约的优点

区块链上的智能合约具有去中心化、去信任化、可编程、不可篡改等特性，在满足设定条件时自动执行，可灵活嵌入各种数据和资产，帮助实现安全、高效的信息交换、价值转移。

🌢 执行效率高

智能合约一旦满足触发条件，便会立即执行合约。因为智能合约是数字化和自动化的，所以无须额外处理文书工作，避免在执行中因环节过多或者人为失误导致的效率低下。

🌢 去信任化和不可篡改

由于智能合约是基于区块链的，合约内容公开、透明且不可篡改。代码即法律，交易者基于对协议代码的信任，可以在不熟识交易对手的情况下安全地进行交易。此外，参与者之间共享加密的交易记录，所以不必担心某一方会为了利益而私自更改信息。而且由于每条记录都与分布式账本上的前后记录相关联，黑客必须改变整个链上所有认证节点的记录才能更改单个记录，所以在很多情况下被视为极度不可能发生的事件。

五、通证

（一）什么是通证

通证，英文称为 Token，可理解为可流通的加密数字权益证明。通证本身就是一个数字化形式的存在，所以我们有时候说数字通证，本质上和通证是同一个意思。而且通证所代表的权益种类，包含物权、股权和货币形式，即在一些应用场景中，通证是具有金融资产属性的，故在有些情况下通证也被称为"代币"或者"通证代币"。

（二）通证的特征

一是数字权益证明。通证必须是以数字形式存在的权益凭证，它代表的是一种权利，一种固有和内在的价值。通证可以代表一切可以数字化的权益证明，从身份证到学历文凭，从货币到票据，从门票到积分、卡券，从股票到债券，以及账目、资格、证书等现代社会中所有类型的权益证明，都可以用通证代表。

二是加密。基于区块链技术的通证具有真实性、防篡改性、保护隐私等特征，并由密码学技术予以保障。每一个通证，就是由密码学保护的一份权益证明。

三是可流通。通证的一项重要功能就是能以数字化的形式实现资产和交易行为的确权，所以通证必须能够在一个网络中自由流动，从而可以随时随地被验证。

通证是区块链的特色应用，如果没有通证，可能会降低整个Web3.0 经济生态的运转效果，区块链技术所带来的巨大潜力可能无法充分发挥。

（三）通证就是数字货币吗

数字货币是一种笼统的称谓，我们常接触的有两大类。一类是各国央行发行的央行数字货币（Central Bank Digital Currencies，CBDC），其可以理解为一种数字化的法定货币，在中国就是由中国人民银行发行的数字人民币，其他国家如新加坡、美国、瑞典等也都在各自的中央金融监管机构主导下尝试发行 CBDC。国际清算银行（BIS）2020 年发布的调查报告显示，过去 7 年各国央行都在对这项技术进行调查，并评估其影响。但是对参与调查的 63 家银行中的大多数而言，未来可达成的目标和路径都还有很大的不确定性。目前多数 CBDC 通常不是基于去中心化的区块链，因为央行对该账本有明确的所有权。假设 CBDC 未来并非采用区块链的分布式记账技术，在这种情况下 CBDC 就不归属于基于区块链意义的通证。

另一类数字货币英文名称为 Cryptocurrency，译为"加密货币"更准确。加密货币的第一种应用就是比特币。其他例如莱特币、以太坊都是加密货币，依托的不是中心化权力机构的发行和背书，而是共识。而这类加密货币往往都是在公有链体系基础上构建的，所以加密货币是通证的一种形式。

（四）CBDC 和加密货币有什么不同

CBDC 与加密货币最根本的区别在于发行机制不同。CBDC 是由一个中央机构发行并管理控制的，而加密货币是依靠一个基于区块链技术的去中心化网络，或称为去中心化账本，没有实际的发行和管理主体机构。

CBDC 由中央银行发行，它是一种记账单位、一种付款方式和一种价值存储。以数字人民币为例，数字人民币实际上是中国实体货币的数字等价物，它让人们以数字方式在移动钱包中持有法币，而不是拥有放在口袋里的实体钞票。央行印制的每张实体钞票都有一个唯一的标识符，因此每个数字人民币代币也有同样的标识符。

加密货币则是完全不同的。它们不是由任何一个政府机构发行的，也不与任何国家概念或者权力机构有关。它们无须任何许可，无国界概念，而且因为没有控制网络的集中实体，所以不会受到审查或者审判。虽然目前很多国家对于加密货币的交易有不同的监管政策，但这并不能关停加密货币本身的网络，即不能改变加密货币本身的存在。一言以蔽之，加密货币的合法性受制于主权国家/地区或监管机构在他们管辖范围（物理空间）内的规定，但是加密货币本身的存在是不依赖于物理空间和主权机构的，所以这两者之间没有必然的因果关系。

此外，比特币的公共账本意味着交易是可追踪的，但却是匿名的。虽然现在很多国家要求一些中心化的加密资产金融服务机构"充分了解客户"（Know Your Client，KYC），但在比特币区块链上的点对点交易本身没有任何实名认证的要求。而根据数字人民币的"可控、匿名"原则，数字人民币交易将可被政府追踪：如果政府愿意，在特殊情况下，它可以终止用户的匿名。

从用途上看，CBDC与加密货币都可以被用于真实商品和服务的交易，但这两种不同的数字货币背后隐含的经济金融内涵完全不同。

CBDC有助于提升货币政策的有效性，优化央行货币的支付功能，提高央行货币的地位。我国的央行数字货币使用的是一种双层框架结构，该结构结合了中央银行体系和商业银行体系，即将原有的银行账户系统与基于数字货币钱包的账户系统相结合。而比特币作为加密货币的第一种应用，诞生之初是作为一种点对点的电子支付方式。但是经过十余年的发展，比特币经历了价格的大幅上涨，市场上对比特币的资产存储价值的认知程度有显著提升，已经逐渐弱化了其作为货币支付结算的功能性诉求。而比特币之外的其他加密货币，更是由于通证代币的设计理念和功能各不相同，所以使用场景也不局限于支付。

六、密码学

区块链技术是和密码学分不开的，其采用密码学中的时间戳、哈希函数、数字加密、数字签名等手段来解决交易中存在的虚假交易和双重支付等问题，在技术上确保了交易的安全性和可信性。

这里仅介绍几项区块链技术中用到的密码学原理，帮助大家对区块链的技术原理有个初步的理解。

（一）哈希函数（Hash Function）

哈希函数又称哈希算法，是一个密码学工具，它可以在有限合理的时间内，将任意长度的数据压缩为固定长度的输出值，并且这个过程是不可逆的，其输出值就称为哈希值。

简单理解，就是输入任意长度、任意内容的数据，哈希函数输出固定长度、固定格式的结果，输出结果通常为字母与数字的组合。这个结果类似于一个算法方程式，只要输入数据发生变化，那么输出数据一定会发生变化。代入一个数据后生成的加密结果被称为这一数据的哈希值，是世界上唯一的值。

哈希函数在现代密码学中扮演着重要的角色，可以用在数字签名中，用以实现数据完整性和实体认证，同时也可以构成多种密码体制和协议的安全保障，是比特币和区块链的核心技术。

（二）非对称加密（Asymmetric Encryption）

数字加密技术是区块链技术的关键。一旦加密方法遭到破解，整个区块链的数据安全就无从说起。

加密的办法通常有两种——对称加密和非对称加密。对称加密中加密和解密使用的密钥是相同的；而非对称加密中采用两个密钥，分别为公钥（public key）和私钥（private key），一对公钥和私钥统称为密钥对（key pair）。密钥对中的两个密钥之间具有数学算法上的绑定关系，因此公钥和私钥是不能单独生成的，一般使用公钥进行加密，使用私钥进行解密。而区块链中主要应用的是安全性更高的非对称加密算法。

非对称加密具有两个特点：一是公钥和私钥是一一对应的，由公钥进行加密的密文，必须使用与该公钥配对的私钥才能够解密；二是公钥可向其他人公开，私钥则必须保密，其他人无法通过公钥推算出对应的私钥，只要私钥不被泄露，内容就是安全的。

（三）数字签名（Digital Signature）

数字签名使用了公钥加密领域的技术，是一种鉴别数字信息的方法。数字签名类似于公钥加密体系中的消息认证码，不过数字签名不仅能满足消息认证，还能满足身份认证，且具有不可否认性

（即抗抵赖性）。

密码学中的数字签名是以数学算法或其他方式运算加密而形成的电子签章，可用以辨识及确认电子文件签署人身份、资格及电子文件的真伪。数字签名是具有法律效力的，正在被普遍使用，自2005年4月1日起，首版《中华人民共和国电子签名法》正式实施。

下面展开介绍一下数字签名的操作原理。

数字签名和非对称加密有着非常紧密的联系，数字签名就是通过将非对称加密"反过来用"而实现的验证信息的功能（图2-2）。

图2-2 非对称加密和数字签名的操作原理

一套数字签名通常会定义两种互补的运算，一个用于签名（Sign），另一个用于验证（Verify）。信息的发布者使用私钥加密（相当于生成签名），此时加密的目的是签名，而不是保密，然后验证者用公钥解密（相当于验证签名），如果和原消息一致，则验证签名成功。数字签名应用了公钥密码领域使用的单向函数原理。简单来说，单向函数就是正向操作非常简单而逆向操作非常困难的函数。

第二节
区块链的代表应用

一、比特币——区块链的第一个应用

（一）比特币诞生的背景

2008 年，由美国的次贷危机所引发的一系列金融危机，对全球金融体系造成了巨大的冲击，导致多家大型金融机构倒闭或被政府接管，其中就包括有超过百年历史的美国四大投行之一——雷曼兄弟（Lehman Brothers）。

自次贷危机爆发后，投资者开始对按揭证券的价值失去信心，由此引发了流动性危机。多国中央银行多次向金融市场注入巨额资金，仅美国就提出了 7 000 亿美元的纾困方案。全球政府普遍采用增加货币供应的方法来解决金融危机，虽然不是直接印制更多的钞票，而是增加募集国债类的"信用货币"来投入当下的市场中以增加流动性，但这样不可避免地带来了严重的通货膨胀。对普通民众而言，现金资产的实际购买力缩水，相当于被掠夺了资产。由此，许多人对政府的救市手段表达了不同的观点，其中现代经济学理论中的奥地利学派就不支持政府采取通货膨胀手段缓解金融危机，他们甚至认为经济危机和经济衰退都是由政府人为操纵货币导致的。奥地利学派的代表人物弗里德里希·奥古斯特·冯·哈耶克（Friedrich August von Hayek）甚至写了一本书——《货币的非国家化》（*Denationalization of Money*），表达不应该让国家发行货币来制造通胀。

不论观点的争锋如何，不可否认的是，2008 年的金融危机使得货币的国家信用在一部分群体中被严重质疑。

2008 年 10 月 31 日，处于神秘匿名状态的中本聪向一个密码学爱好者群体的成员群发了一个电子邮件，在邮件中，他附上了比特币白皮书的链接，标题为《比特币：一种点对点的电子现金》（*Bitcoin: A Peer-to-Peer Electronic Cash System*）。他写道："我一直在研究一个新的电子现金系统，它完全是点对点的，无须任何的可信第三方。"2008 年 8 月，他注册了 bitcoin.org 域名，这是现在比特币项目的官方网址。

（二）比特币的创世时刻

2009 年 1 月 3 日，中本聪在位于芬兰赫尔辛基的服务器上，生成了第一个比特币区块，即所谓的比特币创世区块（genesis block）。在创世区块的备注中，中本聪写入了当天英国《泰晤士报》（*The Times*）头版头条的标题：

"The Times, 03/Jan/2009, Chancellor on brink of second bailout for banks."（《泰晤士报》，2009 年 1 月 3 日，财政大臣正站在第二次救助银行业的边缘。）

不难看出，中本聪借这句话表达了对政府救助金融市场这一方式的不满，这也许就是他发明比特币的初衷。在他设计的比特币体系中，非常重要的一点就是，比特币的总体发行量是恒定的。

（三）比特币白皮书的核心要点

1. 去中心化的点对点电子现金系统

比特币要做的是一个"点对点的电子现金系统"，发送方和接收方直接交易，它们之间不需要依赖于可信的第三方中介机构，而实现这个目标的技术方案就是区块链。

2. 工作量证明

工作量证明是比特币网络采用的共识机制，也是区块链账本的安全保障机制。对所有想攻击、更改甚至重建数据的第三方来说，这个工作量的成本都是不可估量的，乃至不可能实现的。这个机制也保证了数据的可靠性。

比特币网络中的节点按照规则进行加密哈希计算，以算力竞争获得生成新区块的权利。节点在竞争获胜后就获得记账权，生成的区块成为最新区块后，它将获得与新区块对应的比特币奖励。

3. 分布式账本

用于记录电子现金发行、交易的账本以分布式的方式存储在比特币网络的各个节点上，因而也被称为分布式账本。同时这个账本是一个分布式的"时间戳服务器"，即按时间顺序记录交易。虽然机密信息可以加密，但账本的历史是公开的，从而实现区块链交易的可验证性。

4. 去中心化网络

比特币的去中心化网络架构非常简洁，支持整个网络运行的计算机节点可以自由离开或加入这个去中心化网络，而吸引这些矿工参与的原因是比特币系统的经济激励机制。

5. 最长链法则

由于拥有最多区块的链是由网络中的主要算力完成的，因而只要它们不都与攻击者合作，那么它们生成的最长链就是可信的，即最长链法则（longest chain rule）。

（四）去中心化的点对点电子支付

在区块链技术诞生之前，我们已经在数字世界中生活了很长时间。以数字化的形式传送信息是非常高效的，但是如果是传送有价值的实物，就不那么容易。由于数字文件是可复制的且复制出来的电子文件是一模一样的，因而在数字世界中，我们不能简单用一个数字文件作为代表某个价值的事物。我们通过银行转账的过程，是银行在一个账户记录中减掉一定的金额，同时在另一账户记录中增加同等的金额。这个价值转移的验证过程是在一个中心化的中介机构里实现的，银行在这里就是承担这个角色。如果没有一个中心化的中介机构，人们就没有办法确认一笔现金是否已经被花掉。而这就需要一个可以信赖的第三方来保留交易总账，从而保证每笔数字现金只会被花掉一次，避免"双花"（Double Spending）问题。

所谓"双花"，顾名思义，就是一笔钱被重复花了两次。比如，我们支付宝账户里有 100 元钱，我们去网络购物支付了 100 元，结果支付宝出了故障，这一笔钱并没有被银行同步，还留在钱包里，于是我们又能拿着同样的 100 元钱再去进行其他消费，这就属于"双花"问题。

目前在现实生活中，数字形式的"电子支付"有两种主要形式：中心化的在线货币支付、中心化的计算机点数或互联网积分。

我们常用的 PayPal、支付宝、微信支付都是中心化的在线货币支付，这些支付系统中流转的是各国的法定货币。这些第三方在线支付系统，依赖于真实世界的货币系统与金融体系，它们在数字世界中为用户提供支付、转账等服务。

中心化的互联网积分或点数包括航空里程、会员积分，还有网络游戏的代币或者 Q 币等，这些也是虚拟货币最早期的代名词。通常情况下，它们不能与真实世界的法定货币对应，由于法律、商业等原因，一般也不支持将它们兑换回法定货币，而是由各公司中心化发行，仅可以在该公司约定的体系中用于一些服务或者产品的兑换。

直到目前，与现实世界相连的在线支付系统和不与现实相连的互联网积分、点数仍是互联网中的主流，也就是依托于中心化的中介机构记账来确保电子支付的有效性。

早在区块链技术正式诞生之前，人们已经开始了对其他类型电子支付的探索。一群走在前沿的计算机密码学家们探索了在无须中心化介入的情况下，如何通过密码学的方法实现电子支付。1983年，大卫·乔姆（David Chaum）最早提出把加密技术用在数字现金上。

而对中本聪推出比特币影响最大的还有几位计算机学家和密码学家，中本聪结合了亚当·贝克（Adam Back）设计的哈希现金（Hashcash）、密码学家戴伟（Wei Dai）设计的 B 币（B-Money）、计算机科学家尼克·萨博（Nick Szabo）提出的比特黄金（Bitgold），以及密码朋克圈中的知名密码学家哈尔·芬尼（Hal Finney）提出的工作量证明。

他们四人的设想有一个共同点，就是通过计算机进行计算来创造电子现金，它们是比特币系统让计算机进行加密计算的工作量证明和"挖矿"的创意来源。这非常重要，有了这个技术构想的基础，中心化记账的服务器就可以被去中心化的网络所取代了。

对于之前所有虚拟货币都未能成功的原因，中本聪的评论是主要归咎于中心化控制。所以他在设计比特币体系的时候，首次尝试建立一个去中心化的（decentralized）、非基于信任的（non-trust-based）系统。最终，中本聪在前人的创新成果的基础上，创造了一种在发行和交易上都去中心化的电子现金。

> 个人与个人之间电子现金转移，无须可信第三方中介的介入，这是交易去中介化；

> 这个电子现金的货币发行也不需要一个中心化机构，而是依靠一个由代码与社区共识形成和支持运行的去中心化网络，这是发行去中心化。

（五）比特币运行的经济机制

1. 恒定的发行总量

比特币协议中的一个关键参数是，比特币的供应量是随着时间的推移陆续发行的，达到 2 100 万枚的总供应量后将不再产生新的比特币。

2. 减半周期

比特币的发行量按照协议代码中的时间表执行，总体是按照一个减慢的速度来供应流动量。从最初每个区块可以产生 50 个比特币开始（大约每 10 分钟增加一个新的区块），发行速度大约每 4 年会减半一次，即减半发生后每个区块的比特币供应量将为之前周期的一半。2020 年 5 月，第三次减半后每个区块的比特币供应量只有 6.25 个。此时，2 100 万个比特币中的 1 837.5 万个（占总数的 87.5%）已被"挖掘出来"。第四次减半将发生在 2024 年，届时发行速度将减少到每个区块 3.125 个比特币。以此类推，直到大约 2136 年，将发生最后一次减半，届时区块奖励将减少到 0.000 001 68 个比特币。

3. 经济模型

中本聪设计比特币系统时，创造性地把计算机算力竞争和奖励机制结合，引入了 PoW 共识机制，让维持比特币区块链网络运行的计算机节点在算力竞争中实现了比特币发行和分布记账功能，同时也完成了区块链账本和去中心化网络的运维。而有一群被称为"矿工"的核心参与者，承担了维护网络运行和保障网络安全所需的任务。通过计算机竞争算力去争夺区块记账权，算力竞争获胜者打包数据、生成区块、完成去中心化记账，最后再获得比特币形式的经济奖励，这就形成了一个完整的经济循环。

（六）区块链和比特币的关系

区块链技术的产生、发展离不开比特币。在比特币白皮书中，中本聪分别提及了区块（block）和由区块链接而形成的链（chain），后来才被组合成了区块链（blockchain）这个新词。

区块链技术原本是被创造出来用以实现比特币作为点对点电子现金支付转移的体系，但是发展至今它已有了新的应用场景而独立存在，是最具创新性和颠覆性的技术之一。

我们通常在说比特币的时候，往往和比特币的价格有关联，这个其实是狭义上理解的比特币，是比特币作为电子现金的应用价值部分。要理解比特币和区块链的关系，需要全面地去理解比特币系统。

比特币系统有三个层次：

➢ 应用层，是整个系统的表层，指的是比特币这种电子现金，也就是日常价格显现的部分。

➢ 应用协议层，这一层被称为比特币协议（Bitcoin Protocol），是整个体系的中间层。而协议是整个区块链发展中非常重要的一个概念，是一套代码化的运行规则和技术标准，其功能是实现比特币按协议规则发行，以及处理用户间的比特币转移，即点对点的电子现金支付转移。

> 通用协议层，这一层也被称为比特币区块链（Bitcoin Blockchain），是比特币的分布式账本和去中心化网络。这是整个比特币体系的基础设施层，在物理上构建了运行协议和应用的基础网络设施。

二、以太坊——第一个多用途的通用区块链

（一）以太坊是什么

以太坊是一个开源的、全球的去中心化计算平台，我们可以将其想象成一台并不在单一设备中运行的计算机，用来运行智能合约程序。它使用区块链来同步和存储系统状态，用以太币来计量和支付执行资源成本。

以太坊背后的核心思想是：开发人员可以在分布式网络中创建并运行代码，无须使用中心化服务器，这些应用程序在理论上不会被关停或受到审查。使用以太坊时无须提供任何个人详细信息，用户可以控制自己的数据以及共享内容。

（二）以太坊的诞生

当人们逐渐认识到比特币创新模型的伟大，便开始有更多的创想者投入这一领域的研究，并试图超越加密货币作为电子支付的应用。

2013 年，《比特币杂志》（Bitcoin Magazine）联合创始人之一维塔利克·布特林（Vitalik Buterin），这位后来被业界广泛称为"V

神"的天才少年，开始和业界的一些重要人物沟通并分享一份白皮书，其中描述了他构思以太坊的想法。在最初的白皮书中，他首次将以太坊作为"世界计算机"概念来阐述。

2013—2014 年，维塔利克·布特林先后邀请了安东尼·迪奥里奥（Anthony Di Iorio）、查尔斯·霍斯金森（Charles Hoskinson）、米海·阿利齐（Mihai Alisie）和阿米尔·切特利特（Amir Chetrit），以及约瑟夫·卢宾（Joseph Lubin）、林嘉文和杰弗里·维尔克（Jeffrey Wilcke）加入，8 人联手创立了以太坊。

其中最为知名的要数林嘉文，他作为联合设计师和首席技术官在协议设计和开发方面的贡献最为突出，并和维塔利克一起完善并共同构建了形成以太坊的协议层，将以太坊构建为可编程金融的平台。随后林嘉文在以太坊黄皮书中对以太坊的第一个功能实现进行了编码，并详细介绍了协议的技术细节，包括以太坊虚拟机（EVM）和智能合约编程语言 Solidity。值得一提的是，林嘉文也是本书开篇时所介绍的 Web3.0 概念的创导者。

2014 年 1 月 23 日，维塔利克·布特林在比特币杂志上发表了《以太坊：一个下一代加密货币和去中心化应用平台》（*Ethereum: A Next-Generation Cryptocurrency and Decentralized Application Platform*），首次公开提出了相关概念。并在接下来的时间里，开始了公开募集资金，最终募得 3.1 万枚比特币（当时约合 1 840 万美元）。

2015 年 7 月 30 日，以太坊网络正式启用。根据以太坊官网 2022 年 11 月的信息，已经有接近 3 000 个项目部署在以太坊网络上，有超过 7 000 万个加密钱包中拥有以太坊网络的通证代币——

以太币，和 5 000 万个运行中的智能合约。

现在除了维塔利克·布特林还在为以太坊工作之外，其他联合创始人都已经离开，大多开创了自己的事业。以太坊目前由以太坊基金会（Ethereum Foundation）监管，这是一家总部位于瑞士的非营利组织。

（三）以太坊和比特币的不同

1. 创立目的不同

比特币作为区块链的第一个应用，被视为区块链 1.0 时代的代表。它创立的目的是构建一种可以不依赖于中心化、可信赖中介的点对点电子支付体系，让用户能够在去信任化、去中心化的环境中完成价值的数字化转移，所以价值储存和价值交换媒介是比特币体系的创立目标。

以太坊被称为区块链 2.0 时代的开创者，其创立时的目标已经不局限于开发一种加密货币去替代比特币，而是要成为一个可以承载各种去中心化应用程序（DApp）① 运行的开放式平台。以太坊的功能更加丰富，除价值储存和交换媒介功能之外，还引入了智能合约语言——Solidity，实现了更高程度的可编程性。正是这种开放性，让以太坊从比特币时代的一个内循环经济体系，变成了一个具

---

① 去中心化应用程序即 Decentralized Application，也称分布式应用。与传统 App 最大的区别在于，DApp 运行在去中心化网络上，也就是区块链网络上。区块链相对于 DApp 来说，是应用运行的底层环境，可以简单地类比为 iOS、Android 等手机操作系统与运行于之上的各种 App。去中心化应用的去中心化，实际上就是用区块链上运行的智能合约替代传统服务器应用，客户端没有发生本质变化。

有可扩展性的开放生态。

2. 共识机制不同

比特币区块链上使用的共识方法是 PoW，它需要通过算力竞争去获得经济激励来维持网络的可持续运营。

以太坊从一开始也使用 PoW，但它已经在 2022 年第二季度通过以太坊主网合并（Merge）实现了向 PoS 的转移。而通过这次以太坊主网合并，任何拥有 32 个以上以太币的人都可以在代币网络上建立自己的验证者身份，并获得 5%—10% 的收益。更为客观的是，以太坊主网共识机制的转换，将使整个以太网的能耗下降99%，成为一条绿色区块链。

3. 交易处理能力不同

比特币的网络每秒大约只能执行 7 笔交易，这是因为比特币区块平均每 10 分钟才产生一次，每个区块只能包含有限数量的交易。

以太坊网络每秒可处理多达 30 笔交易，以太坊的出块速度约为 10 秒，显然处理效率要大大高于比特币网络。

但是由于部署在以太坊上的智能合约和应用太多，所以不时地会出现拥堵而导致交易迟迟得不到确认的情况。这就犹如一条高速公路，无论设计几个车道，也招架不住远超预期的车流瞬间涌入。为此，维塔利克·布特林也规划了以太坊的升级，具体规划为五个阶段：The Merge、The Surge、The Verge、The Purge、The Splurge。其中，The Merge 就是上文提到的以太坊主网合并，实现了共识机制的转换。之后一系列升级的终极目标是实现以太坊更高的处理能力，维塔利克·布特林所设计的目标是每秒处理 10 万笔交易。而相比之下，VISA 处理能力的实验室测试数据是 5.6 万笔 / 秒，另一家全球性支付清算平台 MasterCard 的实验室测试数据为 4 万笔 / 秒，在实际应用中，VISA 处理交易的峰值为 1.4 万笔 / 秒。

4. 去中心化程度不同

在去中心化的程度上，比特币系统达到了极致。不仅是依据设定协议代码实现自动化运行（automatic），而且还包括去中心化的自治管理（autonomous）。

以太坊也是一个去中心化的平台，在协议代码方面实现了去中心化，但是如同很多区块链项目一样，它是由基金会管理的。以太坊是由创始人维塔利克·布特林和以太坊基金会居中协调的，还保留有中心化的印记，而非像比特币社区那样是完全自治的。

总的来说，去中心化是区块链思维模式的基石，比特币作为区块链技术的第一个应用，它实现了极致的去中心化，可谓是一种理想化的实践。但在发展区块链技术和将其付诸更多的应用场景的过程中，我们必须意识到，最极致的去中心化理想状态并不是目前最佳的实践形式。以太坊基金会的发展目标也是更多地下放手中的权力，减少对资源的控制，来资助不同的团队，实现更大程度上的中心化。我们在拥抱 Web3.0 思想的同时，不必理想化地苛求极致境界，实践和理想结合才是 Web3.0 发展的真正力量展现。

第三节
区块链的"不可能三角"

一、什么是区块链的"不可能三角"

传统货币理论中存在一个不可能三角理论（Impossible Trinity Theory），是指经济社会和财政金融政策目标选择面临诸多困境，难以同时满足三个方面的目标。在金融政策方面，资本自由流动、固定汇率和货币政策独立性三者不可能兼得。

类似地，当前的区块链技术也存在"不可能三角"，即无法同时达到可扩展性（Scalability）、去中心化（Decentralization）、安全性（Security），三者只能得其二。

可扩展性：每秒处理交易的笔数，常用每秒处理交易能力指标（Transaction per Second，TPS）来衡量区块链的处理能力，影响区块链项目效率的主要原因是每笔交易都要在所有验证节点上达成一致。

去中心化：区块链拥有大量区块生产和验证的节点，一般而言，验证的节点越多，去中心化程度越高。

安全性：获得网络控制权需要花费的成本，攻击时需要的算力越大，安全性越高。

三者的关系如图 2-3 所示：

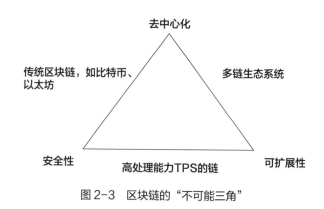

图 2-3　区块链的"不可能三角"

二、区块链中"不可能三角"的体现

区块链技术作为一项技术大类来说，还处于初级阶段，本身还在不断进步和迭代。目前在公有链的开发和应用中体现出的某些不足，其实是根据对以上三个特性的不同侧重而选取的组合结果。

比如，比特币区块链技术便是一种追求"去中心化"与"安全性"的技术组合，所以在"可扩展性"方面就远弱于其他公有链。制约比特币规模扩展的原因是它追求全网数据完全拷贝和全网共识同步，完全拷贝代表每个节点都要有硬盘空间存储所有数据。在满足安全性和去中心化的前提下，规模性提升便十分困难。

以太坊的区块分片化存储的方案则是一种追求"可扩展性"与"去中心化"的技术组合。追求"可扩展性"与"去中心化"则需要在一定程度上牺牲"安全性"。以太坊的区块分片存储方案实际上是一种"多链"结构，子链维护各自的交易区块数据，各子链之间共享同一份全网状态。在这个方案中，总链的算力将被分散，验证节点也同步分散，单链算力下降导致潜在的 51% 算力攻击的可能性提升，降低了安全性。

联盟链的超级账本区块链方案则是一种追求"可扩展性"与"安全性"的技术组合。达成共识的节点由联盟链中的成员组成。这大大减少了节点的数量，提升了网络的吞吐量（即可扩展性）。而 EOS 等主打超级节点概念的公有链，通过所竞选的 21 个超级节点来验证，其实也是对"去中心化"的牺牲。

区块链技术的革新目标就是不断拓展这个"不可能"的边界。希望有一天我们可以打破这个"不可能三角"，实现去中心化、安全性和可扩展性的统一。

第四节
通行 Web3.0 世界的必备神器

一、加密钱包

法定货币数字钱包在过去十年中获得了广泛关注，比如北美流行的 Cash App 和 Venmo，中国流行的支付宝和微信，非洲流行的 M-Pesa，东南亚流行的 Grab。这些钱包允许用户在其中存储法定货币，并被各自市场的商家广泛接受。这让人们不必随身携带大量现金或者信用卡、借记卡。

为了区别于上述法定货币的数字钱包，我们往往将采用了区块链加密技术的数字钱包称为加密钱包。加密钱包对于推动行业发展至关重要，因为加密钱包通常是新用户参与区块链上交互的第一个应用。加密钱包是 Web3.0 生态中接入层的支柱应用，没有加密钱包相当于没有账户，用户就无法在区块链上执行与各种应用的交互，包括无信任登录 Web3.0 应用程序、交易加密货币，甚至代表个人数字身份。

加密钱包已经走过了漫长的道路，刚开始仅仅用于存储通证代币和偶尔转账。随着去中心化金融和非同质化代币的发展，大多数钱包都引入了新功能来支持用户与这些协议交互。同时，硬件钱包和钱包 App 也可以协同工作，并且两者都能够提供无缝交互。

（一）加密钱包有什么用

加密钱包的数字资产存储功能是不言而喻的。在支付的场景中，加密钱包的支付和转移功能是最基本的，这与法定货币数字钱包的基本功能是一致的，只不过适用的数字资产不同。

加密钱包还有一个功能是作为数字身份使用户在 Web3.0 世界中通行，类似于谷歌（Google）允许用户无须创建多个账户即可访问各种应用程序。这种功能已经实现，加密钱包用户能够随时连接到去中心化协议并开始使用，无须提交个人信息或注册账户。

加密钱包不仅可以作为身份验证工具，同时还可以因钱包中所持有的特殊资产而产生社交价值。例如，持有某个 NFT 才能加入私人 Telegram 群组或参加特定的活动。又例如，某些音乐家一直在尝试使用 NFT 作为音乐会门票，用户可以将门票保存在加密钱包中，或者随时展示出来。

（二）加密钱包有哪些

加密钱包作为 Web3.0 的门户入口级应用，有很多有不同的种类。我们可以用一张图来可视化地了解加密钱包的分类（图 2-4）。

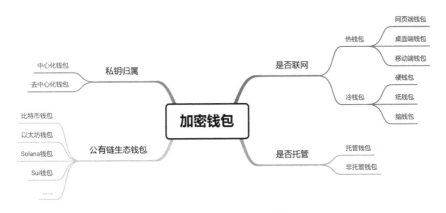

图 2-4　加密钱包的分类

加密钱包按照私钥归属可分为去中心化钱包和中心化钱包。根据其是否联网的工作机制，还可将其分为热钱包和冷钱包。热钱包是指以任何方式连入互联网的钱包，市场上的软件钱包都是热钱包。这些钱包的设置相当简单，资金也可以快速存取，便于交易者和其他高频用户使用，如 Token Pocket、Trust Wallet 等。冷钱包与互联网完全断开，所以硬钱包都是冷钱包，它们使用实体媒介离线存储密钥，可有效抵御黑客的在线攻击。因此，冷钱包在代币存储方面安全性更高。这种存储方式也称"冷存储"，是长期投资者或持有者的理想之选，如 Ballet Wallet、Ledger、Trezor 等。市面上的加密钱包大多基于软件，其便捷性优于硬钱包。然而，硬钱包比其他类型的钱包更加安全。此外，各个公有链为了丰富自己的生态和吸引用户，往往也会推出各自的钱包应用。

（三）关于加密钱包的知识点

大多数人第一次创建加密钱包的感受大概率是：

"随机产生 12 个英文单词就是这个钱包的密码？我怎么记得住？"

"为什么不能自己设置一个 8 位数的密码？"

"这么多密码词不能拍照存在手机里？只能写在纸上？"

…………

使用加密钱包最重要的是什么？就是保管好私钥和助记词。

我们先用银行卡来做个类比，帮助大家理解加密钱包里面到底有什么。

钱包地址＝银行卡号

私钥＝银行卡密码＋银行卡

助记词＝简化的私钥＝简单化的银行卡密码＋银行卡

1. 钱包地址

钱包地址就相当于银行卡号，别人知道你的地址才能转账给你。但是这个地址不是由一串阿拉伯数字组成的，比如一个比特币钱包地址可以是 1J7mdg5rbQyAHENYdx48WVWK7fsLpEoX7y，或者一个以太坊钱包地址可以是 0x18DBD03d7015E82c2f894F744afC

1a94CB77ab81。

部署在不同公有链上的加密货币的钱包地址形式略有不同，但大致上就是由 27—40 位的数字、大小写英文混杂组成。

大家可能会问，这么长的账号多容易输错啊？手工输入显然出错的概率很高，但是大部分的钱包在转账时都会有复制和粘贴钱包地址的功能，以及扫描二维码地址的功能，所以很少需要手工输入。

2. 私钥

在介绍私钥之前，必须介绍一下对应的公钥概念。

公钥和私钥是通过一种加密算法得到的一个密钥对（即一个公钥和一个私钥），其中的一个向外界公开，称为公钥，另外一个需要严格保密，称为私钥。通过这种算法得到的密钥对能保证在世界范围内是唯一的。使用这个密钥对的时候，如果用其中一个密钥加密一段数据，就必须用另一个密钥解密。简言之，这个密钥对中的公钥和私钥是唯一配对的关系。

公钥是私钥经过一系列复杂加密学运算后得出来的，知道私钥就可以推算出公钥，但是这个推算是不可逆的，也就是说知道公钥是推算不出私钥的。所以公钥可以公开，并不会影响到私钥的保密性。而钱包地址是由公钥经过一系列的运算后得出的字符串，这个过程同样也是不可逆的，知道地址也是推算不出公钥的。公钥通常用于加密会话密钥、验证数字签名，或加密可以用相应的私钥解密的数据。

私钥被用于证明用户对数字资产的所有权和处置权。由于区块链是基于无须授权的去中心化机制运行，所以任何人掌握了私钥都可以在匿名状态下对对应公钥进行签名验证，验证成功就可以对资产做任何处置。掌握私钥，不仅相当于掌握了银行密码，同时也拥有了银行卡，也就成为掌控对应钱包地址上所有数字资产的真正的主人。无论是何种类型的钱包，只要其他人知道了你的私钥，就能转走你所有的数字资产。就算你把数字资产存在硬钱包中，锁在家里的保险柜里，也无济于事。

而且私钥不能修改，私钥一旦丢失或者忘记都难以复原，其所保护的数字资产也将永远丢失，所以必须对其进行安全备份。这和我们现实世界的金融体系有本质的区别，在去中心化的区块链环境中可没有"忘记密码"的按钮，也没有重新设置密码的机会；一旦被人窃取私钥导致数字资产在链上被转移，也不会有机构来帮你取消欺诈交易。

所以最重要也是基本的要求就是，必须确保私钥的绝对私密和安全。可以预见的是，黑客和诈骗者会不断试图窃取它们，利用网络钓鱼技术或恶意软件从用户身上盗取通证代币。这就是不能用数字手段（如拍照）保留私钥的根本原因。目前最普遍的做法是将私钥写在纸上，然后妥善保管，最好存放在保险柜中。

3.助记词

助记词是私钥的另一种简单表达形式，最早由 BIP39 协议提出，其目的是帮助用户记忆复杂的私钥，因为让用户记录这一长串随机生成的字符显然是不可能完成的任务。

助记词利用某种算法将 64 位哈希值的私钥转换成 10—24 个常见的英文单词，这些单词都来源于一个固定的词库，所以助记词和私钥之间的转换是互通的，记住了助记词，就等于记住了私钥。

有了助记词之后，大大降低了普通用户的使用门槛，从体验上来说对用户更加友好。但同时，助记词是未经加密的私钥，任何人得到了你的助记词，就可以不费吹灰之力地夺走你的数字资产控制权。所以保护助记词同保护私钥一样重要。

二、数字身份

随着互联网的出现，个人信息都陆续转变为数字化信息，传统的身份也有了另一种表现形式，即数字身份。数字身份旨在通过数字化手段将个体可识别的信息进行记录，以便对个人的信息进行绑定、查询和验证。

目前我们的法定身份都是由政府行政机构进行管理和控制的，这种方式也通常被称为中心化身份管理。中心化的管理机构在赋予我们一个法定认可的身份的同时，也承担了提供查询、验证服务的功能。比如我们的身份证、学历证明等，都是由身份认证的发行方来验证的。所以逻辑上并不是我们自己证明"我就是我"，而是需要依赖于身份认证发行管理机构。

但管理机构之间并不都是绝对互信或者无条件接受的，比如在一些有争议的主权管辖地区，或者在管理机构本身的合法身份被质疑的情况下，这种现象就很难避免。美国著名影星汤姆·汉克斯（Tom Hanks）的电影《幸福终点站》（*The Terminal*）就讲述了一个由真实事件改编的故事。主人公在落地美国机场时被告知祖国发生政变，因此他的身份证、护照失效，签证也无法使用。进退两难的主人公只能在机场滞留，等待新证件的办理，但是这一等就是整整 9 个月。所以中心化管理模式下的身份是需要被授予、审核以及验证的，身份所有者本人只有有限的权利。

（一）数字身份的必要性

联盟数字身份是互联网时代的一个常用应用场景，给我们带来了很多的便利。我们在一些平台上进行身份认证后，在一个可信任的联盟机构圈内，可以跨平台实现身份认证。比如早期电子邮件地址可以作为众多平台的登录身份，又比如微信生态圈内实现了小程序应用以微信账户身份直接登录。在这种模式之下，人们所有的数字化身份信息都将通过网络服务、设备和应用程序连接起来。

虽然身份信息的数字化给我们带来了诸多的便利，但随着越来越多的个人信息在网络上被储存和共享，信息安全就成了一个无法忽视的问题。近年来，已经发生了很多起 Facebook 和 Google 滥用信息的案例，包括 Facebook 利用用户数据来操纵人们的情绪，以及 Google 员工利用他们的职权来窃取、泄露或滥用他们可能有权访问的数据等。

当下在元宇宙的远景发展中常被提及和讨论的互操作性，目的也是要解决许许多多个不同的小元宇宙空间之间的兼容和联通的问题，因为只有这样，元宇宙的宏大远景才能实现其史诗般的意义。如果这一切真的如期实现，那未来的元宇宙无疑将是一个跨主权管辖物理空间的虚拟世界，那怎样才能有一个既拥有自主控制权又能被所有人承认的数字身份，以及如何更好地实现隐私保护及避免信息泄露，将是我们不得不考虑的问题。于是在 Web3.0 时代，就提出了一种新的数字身份形式——去中心化身份（Decentralized Identity，DID）。

（二）DID 的技术原理与作用

DID 是一种基于信任机制的数字身份管理类型，它允许人们在不依赖于特定机构 / 组织的情况下掌控自己的数字身份。DID 的目的是让人们可以完全拥有和控制自己的个人信息和数据。在这种模式下，用户个人信息被滥用、泄露的可能性将大大减小。DID 允许用户在没有第三方身份发行机构或者认证机构的情况下生成、管理和支配个人数字身份信息。

我们先从技术角度粗略地了解一下 DID 是如何实现的。

与加密钱包一样，DID 同样是基于密码学技术自我生成由公钥和私钥组成的密钥对。公钥作为自己的身份 ID，而私钥作为自己控制对应公钥的证明，仅身份持有者掌握私钥，可自主管理和控制自我身份。其他用户要验证用户身份信息可通过公钥提取数据，而身份持有者可控制其身份数据的分享权限。验证在加密算法学的支持下进行，对信息隐私的保护性高。

前文提及，去中心化加密钱包也具备数字身份的功能。任何一个拥有加密钱包的用户，他的钱包所对应在区块链上的地址，就可以作为用户的 DID。如果一个用户拥有多个加密钱包，他就拥有多个不同的 DID，可以任意选择一个在区块链应用中作为登录身份。

但是，DID 并不等于加密钱包。应该说，加密钱包只是在储蓄和投资功能之外，承担了一部分 DID 的功能。如果仅仅是区块链账户的自主匿名设立，账户登录实现 DApp 的交互显然不是我们所期望的数字身份的全部，数字身份的生成和使用需要适应不同的应用场景。因为数字身份在需要被验证身份的场景之外，还有大量其他的应用场景，比如社交、招聘，以及信用和声誉评分等。

现代社会中，信用评分已经成为人的一个重要经济属性，为人们获取第三方的服务提供了便利和优惠，比如申请信用卡、获得贷款，又比如支付宝上的芝麻信用评分可以免除用户支付租用单车的押金等。互联网经济中有一个很重要、很常见的词——"用户画像"，这里面包括的信息种类远远多于法定身份信息，还包括很多的行为习惯，需要将这些行为量化和标签化，再去结合信用评分或者其他可推理的行为属性。

由于区块链地址上的交互行为信息都是公开透明的，钱包地址与 DApp 交互的行为数据都可以查询，链上行为的数据痕迹分布和隐匿在各个 DApp 中，目前已经开始有区块链大数据公司为一些行为归类和标签化。这些标签既可以为追踪不法行为做辅助，比如追踪一些涉及洗钱或者黑客行为的账户，同时也可以应用至征信场景，甚至其他未来可能需要信用展示的场景中，利用链上交易历史建立 Web3.0 世界中的用户身份信誉体系。

此外，随着不同链上应用的诞生，使用多个钱包形成链上分身将会非常普遍。相反，只使用单一钱包作为完全的 DID，就会产生误导。为了解决这个问题，致力于在多个钱包之间聚合身份的项目就此诞生，代表性的项目有 UniPass、.bit 等，有利于推动构建一个更全面的 DID。

（三）DID 未来的应用前景

目前在世界范围内，DID 的具体应用已经在一些国家开始试点应用于公民网络电子身份（eID）。实际上，德国、法国、西班牙、意大利、比利时、新加坡、澳大利亚等国家已经颁发了 eID 来替代传统的身份证件。早在 2019 年 9 月，瑞士楚格就利用 uPort App 为全市约 30 000 名公民提供了分布式电子身份。uPort 基于以太坊构建，创建数字 ID 后公民通过城市职员验证可在移动应用端出示个人信息，个人可通过智能合约中的访问控制公布其希望公布的个人数据，验证方则通过数字签名进行验证。

在标准规范层面，万维网联盟（W3C）也于 2019 年成立了 DID 工作组，专注于 DID 的规范制定。目前已初步形成以 44 个 DID 为代表的技术规范，应用主要集中于金融领域，尤其是 KYC 场景中。

互联网上的匿名存在是初期互联网发展的一个驱动因素，但是随着互联网从信息分享向交易场景等利益攸关的领域发展，实名的应用成为另一种驱动力。在现实世界中，国家主权和行政管理管辖是真实存在的，所以如果无法与现实社会中的法定身份进行绑定的话，完全匿名的数字身份所能使用的场景将受到很大的限制。

DID 发展的更大应用是解决目前中心化管理方式所带来的一

些管辖壁垒、执行效率或者信息安全的问题，通过将区块链作为数字身份的基础设施，改变当前平台主导的数据市场，将数据的使用权与所有权分离，从而让用户控制和管理自己的数字身份，更好地适应下一代互联网的发展。当我们拥有一个不依赖于任何主体而生成和使用的身份主体的时候，才能真正建立数据所有权，构建未来Web3.0价值互联网的基础。

DID 赛道的发展，就是要不断地解决 Web3.0 去中心化、匿名化、隐私保护的核心思想，与更多现实场景中需要获得有效的身份信息之间的矛盾。区块链价值互联网如能从完全匿名发展到与现实验证或者身份绑定的融合，便可将 Web3.0 价值互联网带入更广阔的现实应用场景。目前已经有这方面的第三方身份验证服务商提供身份证明（Proof of Humanity）的解决方案，代表项目包括BrightID 等。

此外，随着隐私计算以及零知识证明（Zero-Knowledge Proof，ZKP）等技术的发展和应用实践，现实的验证也开始摆脱纯粹中心化的审核。以零知识证明为例，其目前正被越来越多地应用在区块链上来保护数据的隐私，其中也包括了 DID 领域。零知识证明是指一方向另一方发送加密证明，在不透露数据内容的情况下，只披露某条隐藏信息是有效且为证明者所拥有的。要创建零知识证明，验证者需要让证明者执行一系列操作，而证明者只有在得知底层信息的情况下才能正确执行这些操作。举个例子，当用户需要证明自己的资产满足某个资格条件时，并不需要让对方知道确切的资产总额。

另外值得一提的 DID 新应用领域，就是 2022 年大热的灵魂绑定代币（Soulbound Token，SBT）。

灵魂绑定代币的概念最早是由经济学家和社会技术专家 E. 格伦·韦尔（E. Glen Weyl）、律师普迦·奥尔哈弗（Puja Ohlhaver）和以太坊创造者维塔利克·布特林于 2022 年 5 月提出。灵魂绑定代币是新兴的去中心化社会（Decentralized Society，DeSoc）中的原始或基础构建模块，旨在为去中心化社会设计一种不可转让、非金融化的代币。

灵魂绑定代币，顾名思义，就是绑定于用户身份账户或钱包的通证，可用来代表承诺、资格、从属关系等，比如此类通证可以作为教育证书、出生证明和国家身份的凭证，也可以作为工作经历的证明或曾参加过某些活动的证明。

但是这种通证不可用于转让交易，如同现实中人的身份是不能和另一个人交换的，更不用说"灵魂"的转让了。SBT 的目的是构成 Web3.0 网络上代表社会关系的承诺、证书或是从属关系，将一个人或实体的关系特征和成就，以区块链的形式进行标记。

SBT 的出现，让 DID 从识别身份（Identity）向识别身份状态（Status）推进了。由此，我们更能预期 DID 作为在未来元宇宙中的身份出现的时候，不只是一个身份 ID 的证明，而是拥有了 ID 所对应的数据资产的身份状态。这其中包括有形的数字资产，比如各类加密货币；同时还可以包括无形的数字资产，比如社会关系网络和成就。而 Web3.0 时代的核心思想"数据所有权"（Data Ownership），在这个基础上就得以真正全面地实现。DID 已经从早期的以去中心化钱包为代表的完全匿名数字身份，发展到多数字身份的统一管理、链上声誉的建立。简言之，随着 SBT 的出现和应用的成熟，DID 下一步的发展方向是从目前的身份识别向身份状态识别发展。

在 Web3.0 时代，你所拥有的 DID 将是一个无须授权但身份价值（包含了数字资产和社会地位）可被用户完全拥有的数字身份。

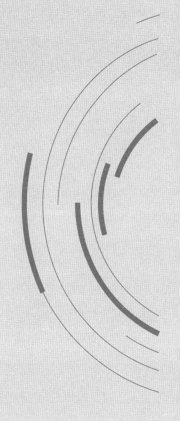

第三章

Web3.0的核心应用
——DeFi

了解了区块链相关的基础知识，相信大家也建立了自己的加密钱包，正着手丰满自己的数字身份。接下来要做的，就是要和一些区块链上的去中心化应用开始交互。

为了让大家对 Web3.0 有一个更直观的理解，下面我们将分章介绍一些有代表性的应用，希望能帮助大家拓展对 Web3.0 应用场景的认知。本章首先介绍 Web3.0 最核心的应用场景——金融化场景。

第一节
什么是 DeFi

DeFi，全称为 Decentralized Finance，即"去中心化金融"或者"分布式金融"。去中心化金融与传统中心化金融相对，指建立在开放的去中心化网络中的各类金融领域的应用，目标是建立一个多层面的金融系统，以区块链技术和加密货币为基础，重新创造或完善现有的金融体系。

DeFi 的目标是任何拥有互联网链接的人都可以访问及使用这些产品和服务，没有集中管理机构来审核使用者资格或者阻止交易。以开源代码形式存在的各种协议，任何人都可以监督和检查，并依靠智能合约自动执行，既提升了执行效率，也减少了传统金融交易中的人为错误（fat-finger）。

具体来说，DeFi 一般是指基于区块链所部署的智能合约构建而成的加密资产、金融类智能合约以及协议。这些资产、智能合约以及协议能够像乐高积木一样组合起来，因此，也被称为"金融乐高"（DeFi LEGO）。

第二节
DeFi 与传统金融

传统金融体系历经了几百年的发展，即使是现代金融也有近百年的沉淀。整个金融体系已经非常完善，在各个国家中，有中央银行、商业银行、投资银行、资产管理机构、证券服务机构、交易所、保险机构等，分工完备。而 DeFi 首先把传统金融中所提供的大部分金融服务功能转到了新的区块链智能合约平台上来实现，但不仅仅是照搬，还实现了很多前所未有的创新。二者的典型特征对比见表 3-1。

表3-1　DeFi 与传统金融的特征对比

DeFi	传统金融
资金由自己持有	资金由机构持有
自己可以控制资金流向和使用方式	必须相信在法律法规和制度约束下的机构不会错误地管理资金
资金转移在几分钟内完成	一笔跨境汇款支付可能需要几天时间
匿名交易	金融活动与个人身份紧密相连
对任何人开放	必须申请使用金融服务，有准入门槛
交易 24 小时不间断	根据作息时间制定交易时间
交易信息透明，任何人都可以查看产品数据并检查系统运行状况	需要获得审核批准，才能事后调取交易历史、管理资产的记录等

　　DeFi 和传统金融最核心区别的就是 DeFi 的运营无须可信任的第三方机构，DeFi 不需要依托中介机构来从事金融活动。这里的中间机构不仅包括了金融专业服务机构，还包括金融监管机构。DeFi 依靠区块链的特性来创建信任，将传统交易中对监管机构和金融机构的信任背书转化为对智能合约编码的信任，充分体现了"代码即法则"的精髓。

　　传统金融通过金融中介机构的整合和运作，提高了市场的效率，实现了更好的资源配置。但同时，由于金融中介机构的存在，传统金融体系也产生了很多问题，比如信息不透明、货币滥发，以及市场准入的公平性不足所带来种种的问题。传统金融能满足现实世界中大部分人的需求，而这个世界上，还有一部分人希望自己来掌控金融服务，或者是希望金融更自由、更普惠。

　　这也是 DeFi 存在的关键。目前 DeFi 正在构建一个与传统金融平行的世界。相信在我们能预见的未来，会出现二者的融合。

第三节
DeFi 的优势

我们在前面的章节中将 DeFi 和传统金融做了一些对比，传统金融历经百年，成熟而稳健，在实践经验和制度成熟度上可以全面"碾压" DeFi。DeFi 通过区块链技术在传统金融模式的基础上进行了部分优化，这是借用技术革新来实现弯道超车的发展逻辑，目标并不是去替代传统金融，而是更好地发挥金融工具的作用。接下来我们就分别了解一下 DeFi 到底具备了哪些优势。

一、提供更开放和普及的金融服务

DeFi 协议往往不要求资格的审查，让更广大人群获得金融服务，即使他们连银行账户、信用记录都没有。根据一份世界银行在 2018 年的统计报告来看，世界上还有近 17 亿人口没有银行账户。虽然传统金融能满足现实世界中很大一部分人的需求，但是我们不应该忽略这些没有机会接受传统金融服务的群体。也许 DeFi 目前对于这些人群的使用技术门槛还过高，但至少在身份状态准入门槛上提供了一个无差别的公平机会。

二、更高的交易效率

传统金融系统大多依赖中心化的中介机构，及其为交易创造的信任环境，但 DeFi 用智能合约取代了其中一些信任要求，这大大降低了交易对手的信用风险，免除了中介带来的交易成本和行政审批过程，只需满足交易条件即可执行，使金融交易更加高效。

加密市场 7×24 小时不间断运转，远超传统金融的服务时间，避免了因假期和传统市场的休市带来的交易间断。链上的通证转账比传统金融系统中的任何转账都快得多，而且传输速度和交易吞吐量还在通过侧链、状态通道网络和支付通道网络等第二层扩容技术进一步提高。

三、更高的透明度

因为 DeFi 所有的交易都是基于开放开源的智能合约，在透明度方面的优势是直接的。在资金安全方面，智能合约的各方都可以知道其交易对手的资金部署情况；在合同条款方面，各方可自行审阅合约代码，以确定合同条款是否符合交易预期的约定，进而消除各方在合同条款下进行交易时可能发生的任何争议。智能合约可以通过强制执行协议对行为违约一方施加有效惩罚，并对其对手方进行有效奖励。相比传统金融协议，这种透明的激励结构可以为合约提供更安全、更显著的保障。这大大减轻了微小型机构或者个体参与者在争议发生时的法律负担，避免了传统市场中可能存在的因为交易双方地位不同所产生的不公平现象。

在实际运作中，普通 DeFi 参与者可以不懂任何合约代码，而依靠平台的开源特性和群体智慧来获得安全感。总的来说，DeFi 成功降低了交易的风险，并在传统金融之外创造了一种更具效率的金融形态。

四、更好的组合性

基于区块链的开放性和智能合约的可编程性，以前创建的成果都可以被其他智能合约在无须许可的情况下叠加使用。这种组合性使得金融工程的可能性不断扩大，并引起了用户前所未有的兴趣。

正因如此，DeFi 协议经常被比作"金融乐高"。具体来看，共享协议层允许这些协议和应用程序相互组合，链上的资产协议可以利用去中心化的交易协议，或者通过借贷协议实现增加杠杆。

第四节
DeFi 的赛道布局和典型应用

DeFi 正在构建传统金融的平行世界，所以整个 DeFi 的生态几乎是在复制一个传统金融服务类别的基础上再加以创新。整个 DeFi 的赛道布局和发展，可以沿着两个维度来展开，第一个是时间维度，第二个则是数据维度。

我们先按时间维度简要梳理一下 DeFi 赛道的发展历程。

以太坊智能合约的出现，大大释放了 DeFi 的想象空间，2016 年维塔利克·布特林在 Reddit 论坛上以 "u/v buterin" 的用户名发表了关于去中心化金融系统的假设性思想实验想法，其中就提到了建立在链上的、无须许可的、没有中间机构的交易市场，这为 DeFi 日后的蓬勃发展正式种下了种子。

在 2016—2019 年的萌芽期，Maker DAO、Compound 和 Uniswap 从早期的探索者中脱颖而出。这些项目的目标愿景，就是创建一个去中心化且无须信任的金融系统，同时又能兼顾交付能力和效率。借助这三个去中心化的协议应用的标杆效应，稳定币、加密资产借贷和去中心化数字资产交易所的赛道开始一路开挂，直到现在，这几个领域都是 DeFi 资金集聚和交易最活跃的板块，可谓是 DeFi 的基石业务。

其中，2020 年 Compound 推出的治理代币 COMP 开创了 "流动性挖矿"（Yield Farming）[①] 的先河，掀开了 2020 年 "DeFi 热潮" 的序幕，同时也掀起了流动性挖矿的狂潮。

有了前者的铺垫，接下来收益聚合器（Yield Aggregator）赛道的代表 Yearn Finance 的诞生，以及作为 Uniswap "高仿" 的 SushiSwap 采用 "吸血鬼攻击" 策略，成功从 Uniswap 中引走了大量的流动性，都是 2020 年 DeFi 赛道可圈可点的事件。为满足细分

---

① 所谓流动性挖矿，就是指流动性提供者在提供完某个交易对后，再把代表他提供多少份额的流动性凭证锁进某个项目的合约中，可以获得该项目的治理代币。

资产类别需求而产生的 Curve（让用户以较低滑点和低手续费交易稳定币的去中心化交易所），以及 2020 年推出了第一个永续合约协议的 dYdX（以衍生品交易为主要业务的去中心化交易所），也都在这一时期在市场上确立了地位。

DeFi 的火爆导致出现了以太坊拥堵和高额 Gas 费现象，因此不断涌出的 DeFi 项目迅速向以太坊网络之外的区块链扩展。2021年是 Layer 1 的"军备竞争年"，各个公有链生态系统的基金会都宣布了自己的流动性挖矿激励和建设者资助计划，以吸引开发者和用户。也正是由于每条公有链都是致力于打造自身的生态，所以这一时期我们能够看到很多同一赛道的同类项目扎堆涌现，这些项目最大的区别在于所部署的链不同。

从 BSC、Polygon、Solana、Avalanche、Fantom 到 Terra，随着越来越多的新兴区块链不断出现，每个生态系统都开始变得更加孤立，资源被过度分割。而在较新的区块链生态系统中运行的 DeFi协议，在获得流动性和用户方面遇到了更大的挑战，所以可互操作的多链和跨链桥也适时而上，成为 DeFi 基础设施的重要组成部分。

这样多点开花、多链共舞的繁荣景象，配合着整体牛市的氛围，在 2021 年 12 月，将整个 DeFi 板块的资金锁仓市值推向了 1 800 亿美元的顶峰。

2022 年对于 DeFi 并不是一个好年份，不仅由于整个加密市场的牛市周期结束，俄乌冲突引发了地缘政治和全球能源危机，美联储最终转向加息来对抗通胀，所有这些最终导致宏观经济的极度不稳定，引发市场对即将到来的衰退的担忧；更重要的是流动性由松到紧导致了机构资金的离场，这被认为是推高 2021 年市场的重要动力的缺失，导致了整个市场的系统性下跌，毫无疑问，对 DeFi 的发展也产生了巨大的影响。

而 2022 年 5 月算法稳定币 UST 的脱锚导致 Terra 和 600 亿美元市值在短短一周内灰飞烟灭，更是让整个加密市场雪上加霜，也给 DeFi 的发展前景蒙上了一层阴影。

截至 2022 年 12 月，资金锁仓价值较 2021 年 DeFi 巅峰时期的 1 800 亿美元，已经下跌了超过 90%。

只发展了几年时间的 DeFi 和拥有百年沉淀积累的传统金融，在成熟度上显然是不可比的，何况在传统金融市场的每轮周期转变中，机构和市场还在不断学习和演进，而 DeFi 的很多应用还处于早期试验和迭代优化的过程之中。但是对真正有价值的 DeFi 应用来说，经历了市场转换和经济周期的洗礼，才能真正获得持久的生命力和成长的动力。

再从数据维度来看 DeFi 投资赛道的全貌。

借用专业 DeFi 数据分析平台 DefiLlama 上有关 DeFi 赛道的分类，截至 2022 年 12 月，大概列有 31 类之多。这个分类中除了一些和传统金融业务种类比较接近的板块之外，也有不少是基于区块链技术特色而形成的分类定义，比如跨链桥、隐私交易、多链、算法稳定币等。我们挑选了其中市场资金占比较大且具有代表性的几个类别列举如下（见表 3-2）。

表 3-2　DeFi 赛道的分类

分类	协议数量	代表应用
去中心化交易所（DEX）	655	Uniswap、Curve、PancakeSwap
借贷（Lending）	199	AAVE、JustLend、Compound
流动性质押（Liquid Staking）	61	Lido
抵押债务持仓（CDP）	60	MakerDao
跨链桥（Bridge）	36	WBTC、Multichain
收益分发（Yield）	365	Convex Finance
衍生品（Derivatives）	53	GMX、dYdX
算法稳定币（Algo-stables）	99	Frax
收益聚合（Yield Aggregator）	78	Yearn Finance
合成资产（Synthetics）	25	Synthetix
保险（Insurance）	23	Nexus Mutual

资料来源：数据摘录自 DefiLlama，截至 2022 年 12 月。

接下来重点介绍 DeFi 众多应用领域中最重要的几个板块。我们重点要去了解的是这些应用中的创新之处，同时也让大家初步感受一下这是一个怎样不同的 Web3.0 金融世界。

第五节
DeFi 代表应用——去中心化交易所

去中心化交易所（Decentralized Exchange，DEX）是使用区块链智能合约、以点对点形式交易资产的交易市场，用户可以绕过中间方在其中直接交易和管理加密资产。

传统金融交易流程往往缺乏透明性，需要依靠中介执行，而且中介的许多操作都不对外公开。相比之下，DEX 完全公开资金流向和交易机制。另外，由于交易中用户资金不会经过第三方的加密钱包，因此 DEX 可以降低交易过程中的对手方风险以及系统性的平台中心化风险。

DEX 最大的优势是采用了区块链技术和不可篡改的智能合约来保障极高的交易效率，同时在交易过程中，用户还可以通过自己的加密钱包来完全自主管理账户资金。

DEX 用户一般需要支付两种费用，一种是网络费，另一种是交易费。网络费指在区块链上处理交易所需消耗的通证数量，比如在以太坊上称为 gas 费，这个网络费机制是用于支持整个区块链的可持续运行；交易费则是依据 DEX 协议规定支付给相关方，比较普遍的包括流动性提供方、通证持有者、DEX 协议平台本身等。

DEX 的理想目标是打造出无须许可的链上交易服务基础设置，消除中心化的单点失效风险，并将所有权去中心化，将治理权交予社区。最典型的做法就是授予 DAO 治理协议的行政权。DAO 由相关社区组建，其成员通过投票为协议做出关键决策。

一、去中心化交易所和中心化交易所的不同

中心化交易所（Centralized Exchange，CEX），我们以美国第一家上市的加密资产合规交易所 Coinbase 为例，Coinbase 可以为用户提供账户管理、实名认证、资产充值、资产托管、撮合交易、资产兑换等业务。随着近年来合规进程的推进和机构化的发展，

Coinbase 区分了针对个人投资者的服务和为机构投资者提供的服务。对于投资者，就用户体验来说，中心化交易所非常像传统的证券投资服务，所以在中心化交易所交易还是目前投资者选用最多的交易形式。

中心化交易所和去中心化交易所的核心区别在于资产控制权，简单来讲就是是否托管用户资产。

在中心化交易所，用户的资产由中心化交易所掌控。用户开通账户后将自己的资产充值到交易所的账户中，这个过程的实质是将资产转移到交易所的托管钱包中。中心化交易所的资产托管功能，就像银行的存款功能一样，用户申请开设一个账号，并把钱存入，这个账户会记录用户资金情况，用户虽然可以对账户资金有管理和控制，但基于中心化的管理模式，事实上的控制权是在中心化交易所。

比特币从诞生至今，不过短短十来年，其间中心化交易所被盗、被攻击、跑路的事件可谓不胜枚举。比如 2014 年 2 月的"门头沟事件"，就是中心化交易所"门头沟"（MT.Gox）的 65 万枚比特币被盗，这也是比特币史上最大的盗币事件。2016 年 8 月，发生了当年最大的加密货币黑客盗币案——大约 12 万枚比特币从 Bitfinex 加密货币交易所被盗，直到 6 年之后的 2022 年 2 月 8 日，美国司法部才发布公告称查获了当年 Bitfinex 黑客盗币案中的被盗比特币。

在平台遭遇极端事件的情况下，由于用户将资产的实际控制权交予中心化交易所，所以可能会导致无法及时处置自己的资产，从而遭受损失。在传统金融中，如果一家银行倒闭，还会根据当地金融监管的要求，用户还可以利用一些存款保险制度（根据当地金融监管要求而制定）或者法律途径去进行资产追溯；而数字资产世界的合规进程还在逐步完善的过程中，无法妥善做到对投资者的保护。尤其是一些中心化交易所在经营不善的时候会出现恶意破产甚至卷款跑路的情况，用户将很难追回资产，所以用户选择中心化交易所时需要了解资产托管可能存在的风险。

2022 年 11 月发生的 FTX 交易所崩塌事件，就是因中心化交易所倒闭而造成客户资产损失的典型案例。很难想象一个市场估值 320 亿美元、全球交易量和市场份额占比排名前三的加密资产交易所，由于市场上有对其及其关联公司 Alameda Research 的不利消息而引发恐慌挤兑，在短短两周内瞬间崩塌，有 60 亿—80 亿美元的加密资产无法取回，全世界数以万计的加密货币投资者遭受了损失，其中还不乏很多知名的机构。

而在去中心化交易所中，用户的资产完全由自己掌控。去中心化交易所主要发挥撮合交易的核心功能，并不提供资金托管服务，所以也就无法控制、转移用户的资金。

二、去中心化交易所的运行机制

去中心化交易所有许多不同的设计模式，而且还在不断地创新来满足不同的需求，其中订单簿（Order Book）模式和自动做市商（Automated Market Maker，AMM）就是最常见的两种。

在重点介绍自动做市商之前，我们先简略介绍一种大多数人更熟悉的交易模式——订单簿模式。

（一）订单簿模式

"订单簿"是指由机构组织的特定证券或金融工具买卖订单的电子列表。订单簿列出了在每个价格点或市场深度上出价或提供的股票数量，除股票外，还可以包括其他金融工具，如债券、货币，以及加密货币。

在传统证券交易市场，包括纽交所、纳斯达克交易所、伦敦证券交易所等，几乎每家交易所都使用订单簿来交换各种资产。订单簿会实时收集市场上还未被撮合成的买单和卖单，交易平台的内部系统会通过订单簿来撮合买单和卖单（图 3-1）。数字资产交易市场的中心化交易所几乎都是采用订单簿模式。这就是前文提到的，中心化交易所带给投资者的用户体验和传统证券市场很类似的主要原因。

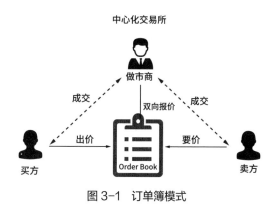

图 3-1　订单簿模式

有一些去中心化交易所也采用了订单簿模式，但整体上还不算普及。目前主流的订单簿模式下的去中心化交易所包括 dYdX、Loopring 以及 Serum，其中 dYdX 作为衍生品领域的去中心化交易所，成立以来的表现十分亮眼。

（二）自动做市商

自动做市商并不是一个区块链领域的新名词，而是在传统金融中就存在的术语，本身指的就是一种通过程序算法来完成做市商的行为。但是在区块链的 DeFi 世界里，自动做市商是 DEX 最常采用的交易模式，也推动 DEX 成为整个 DeFi 赛道的基石。

我们想象一下，如果 DEX 还是沿用传统金融的方式，只是拓展了资产类别的应用的话，那显然还称不上是基于区块链的创新，甚至没有必要出现，因为已经有能满足这类交易需求的 CEX，DEX 发展的空间必定有限。

在传统订单簿模式中，有意愿的买方必须等待自己的买单与卖单被撮合后才能完成交易。否则，就算买方或者卖方发布的订单被排到订单簿的"最前面"，靠近当前成交价格，订单也有可能不被执行。尤其是在缺乏足够的流动性或者某些交易不太活跃的资产类别中，交易无法即时完成的现象是普遍存在的。为了改善这种情况，在传统的金融市场中，会引入专业的团队或者机构作为做市商，做市商本质上就是提供流动性。

而 AMM 在 DEX 中的出现，相当于把传统专业做市商这个角色真正地去中心化了。用户是在与一个为他们"做市"的智能合约互动（图 3-2）。AMM 可以随时为用户报价，而这个报价的资产转换汇率是由智能合约设定的公式决定的，因此可以为流动性较低的市场提供即时流动性。然而，当一种资产的价格发生偏离外部市场公允价格的变化时，自动做市商会在套利者的帮助下调整其价格。他们继续购买价格过低的资产或出售价格过高的资产，直到自动做市商提供的价格与外部市场相符，来维持整个市场交易的有效性和可持续性。

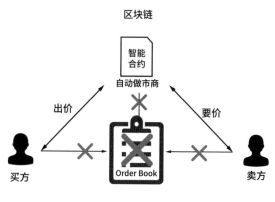

图 3-2　AMM 模式

AMM 不采用订单簿模式，而是通过流动性池来运行。而流动性提供方，从之前的专业团队或者机构，扩展到了任何一个在 DEX 的流动性池中注入资金的用户，消除了流通性提供门槛。而 DEX 的 AMM 协议以智能合约的形式将 DEX 交易服务中赚取的交易手续费分配给提供资金的用户，2020 年又兴起了流动性挖矿来激励用户存入资金，提供更多的流动性，因此整个 DEX 板块实现了爆发式增长。

采用 AMM 的去中心化交易平台主要有 Bancor、Balancer、Curve、

PancakeSwap、SushiSwap、Trader Joe 以及 Uniswap。

比起订单簿模式，滑点高、资金利用率低等问题则是让 AMM 受到诟病的主要原因。

滑点高对大额交易尤其不友好。滑点指的是交易的预期价格和交易执行价格之间的差额。滑点可以在任何时候发生，但最普遍的是在使用市场指令波动性较大的时期。还有一种特殊情况，就是交易者买卖的订单量非常大，市场上没有足够多的反向委托单来承接，从而造成预期成交价和实际成交价之间出现差异。资金池中的资产价格则由智能合约的设定函数决定，这就会导致 AMM 机制中由于交易资产在资金池中的储备变化，资产实际的交易执行价便会发生改变，产生滑点。而越是大额的、对资金池的流动性储备产生影响越大的交易，滑点也就越高。

资金利用率是金融市场的重要组成，通常表示为：

资本利用率 = 交易量（24 小时）/ 总锁定价值（TVL）

低资金利用率意味着投资组合结构欠佳，闲置资产没有被很好地用来获取收益。资本闲置程度较高，会影响流动性提供者的收益回报率；并且由于流动性提供者的收益来源于实际资本交易产生的交易手续费用，这将直接影响流动性提供者所能分配的收益。

为 AMM 流动性资金池提供流动性可能产生无常损失（Impermanent Loss）。由于加密资产价格多有大幅波动，资产的即时价格相较初始存入价格通常会发生变化，资产价格变化幅度越大，遭受无常损失的概率和程度就越高。关于无常损失定义的详解，我们会在后面展开。

与此同时，由于在 AMM 机制下，流动性的提供者往往需要提供至少两种加密资产的交易对，相应地就需要承担多资产风险敞口。

三、读懂去中心化交易所的龙头——Uniswap

介绍了 DEX 的概念之后，我们接着用一个代表性的应用案例来让大家深入了解一下 DEX 到底是如何运作的。

在 DEX 的范畴下，我们说 Uniswap 是一个去中心化的数字资产交易所，但更确切地说，Uniswap 是构建于以太坊的去中心化交易平台协议，它是一种自动化的流动性协议。这套智能合约创建了一个自动做市商，该协议促进了以太坊区块链上的点对点做市和 ERC-20 标准代币的交换。

Uniswap 白皮书中的定义如下：Uniswap 是以太坊上用于自动化代币交换的协议，其设计围绕易用性、Gas 效率、抗审查性、零抽租。

（一）Uniswap 的历史

Uniswap 协议由海登·亚当斯（Hayden Adams）于 2018 年创建。然而，推动其实现的底层技术最初是由以太坊联合创始人维塔利克·布特林提出的。Uniswap 协议的开发团队 Uniswap Labs 在 2018 年获得了以太坊基金会的 10 万美元资助，并且第一个版本 Uniswap V1 于 2018 年 11 月发布。2019 年 4 月，Uniswap 以 500 万美元的前期估值从 Paradigm 那里筹集了 182 万美元的种子融资，并在 2020 年 5 月和 2021 年 5 月分别上线了更新的版本 Uniswap V2 和 Uniswap V3。

相较于 V1，V2 的核心变化是从 V1 版本仅支持 ETH 和 ERC-20 的代币交易对，升级为支持任意 ERC-20 对 ERC-20 代币的交易对，即在对两种代币进行买卖时，不再需要购买 ETH 作为中间兑换币，减少了一半的交易费。而 Uniswap V3 的升级则注重流动性和资本效率的提升。

（二）Uniswap 平台协议如何运作

就像我们前面介绍的金融乐高的概念，我们可以简单地把 Uniswap 看成是有两个功能模块的智能合约的组合。一个智能合约的功能是管理平台上的添加和提取通证，也就是流动性的管理；而另一个智能合约的功能是管理平台上任意两个通证之间的兑换 / 交易。

Uniswap 的目标是以自动化流动性协议来解决中心化交易平台的流动性问题。所以 Uniswap 是要用激励的手段让更多的人愿意成为流动性提供者，或者称之为流动性供应商，这样才能给有交易需求的用户提供更好的服务。

在传统模式下，给中心化交易平台提供流动性的大多是机构级别的做市商，其往往需要和平台沟通开设交易权限。而现在 Uniswap 平台以一个开源的自动化流动性协议来运行，则不仅是机构参与，个人用户也有机会参与，无须许可，将参与门槛将至了最低。

交易者在 Uniswap 上进行资产交易需要向平台支付一笔费用。目前，每笔交易中支付给流动性供应商的交易费用为总金额的 0.3%（Uniswap 在 V3 版本中升级为有多个费率级别可选，本书暂时还以 V2 版本为例来简化费率模式的介绍）。与一般交易所不同的是，在默认情况下，这些费用将注入流动性资金池，全部流向 Uniswap 的流动性供应商，交易费用根据流动性供应商在资金池中所占份额进行分配（图 3-3）。创始人和团队不会从通过协议开展的任何交易中抽成，而是回馈给每一个给平台贡献核心价值的人，鼓励更多的流动性供应商来提供流动性，以此来提供更好的交易服务吸引交易者，再产生更多的交易费用回馈给流动性供应商，由此形成正向循环激励，实现可持续运营。

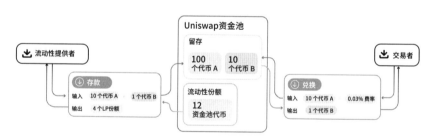

图 3-3 Uniswap 上的资产交易

资料来源：Uniswap 官网。

这就很好地体现了我们前面讲到的 Web3.0 经济模式，平台并不是最终价值的拥有者，而是价值贡献者的整体，这正是去中心化的意义所在。

（三）Uniswap 的自动化流动性协议

Uniswap 采用了一种"恒定乘积做市商"（Constant Product Market Maker，CPMM）模型。这是采用 AMM 模型的去中心化交易所中选用最多的模型，该模型是 AMM 模型的变体。

恒定乘积做市商模型的原理非常简单，它其实就是一个公式：

$$X \times Y = K$$

其中，X 和 Y 是加密资产 A、B 的数量，而 K 则是一个恒定值。由于每次交易都会改变 X 和 Y，则 A 和 B 的兑换比率就会发生变化。

假设流动性资金池中一开始是 1 000 个 A 和 200 个 B，由于在一般 AMM 机制中，流动性提供者参与的前提是存入的代币对需要由两种等值的通证代币构成，即 1 000A = 200B，所以 A 和 B 的兑换比率就是 5：1。某个交易者用 100 个 A 兑换了 20 个 B，不考虑手续费，那么资金池中就变成了 900 个 A 和 220 个 B，那么接下来 A 兑换 B 的比率就是 4.09：1 了。从这里可以看出，决定池中资产价格的因素是不同资产在池中的占比。

我们来举个例子，用户 Bob 在流动性资金池中存入了 1 枚以太币（ETH）和 1 000 枚泰达币（USDT），则 1 枚 ETH 的价格等于 1 000 枚 USDT 的价格。此时，Bob 的资产在存入时价值 2 000 美元（1 USDT = 1 美元）。

此外，由于还有其他用户注入资金，整个流动性资金池中共有 10 枚 ETH 及 10 000 枚 USDT。因此，Bob 的初始资产在整个流动性资金池中占据 10% 的份额。此时总流动性为 $10 \times 10\,000 = 100\,000$，这个 100 000 我们就可以理解为恒定值 K。X 和 Y 分别为 10 和 10 000，则 $X/Y=1/1\,000$，即初始资产价格 1ETH=1 000USDT。

假设 1 枚 ETH 的价格在公开市场上涨到等于 4 000 枚 USDT，而本身资金池中初始价格是 1ETH=1 000USDT，在这种价差下，就必然会有套利交易者将 USDT 注入资金池来提取 ETH，套利交易者增加了资金池中 USDT 的比重，同时降低了 ETH 的比重，总流动性保持不变（即 100 000），从而导致 ETH 价格上涨。在不考虑交易摩擦的理想情况下，最终整个资金池将会留存 5 枚 ETH 和 20 000 枚 USDT 以达到平衡。

所以 Uniswap 中价格发现的机制，ETH 和 USDT 的兑换价格取决于两者在资金池中的占比，而套利交易的存在能够让资金池中的最终稳定兑换价格接近反映当前资产的外部真实价格。这样做的优点是避免了传统交易所需要预言机机制。同样因为这个原因，Uniswap 不会追随市场价格，当 Uniswap 价格与市场价格不一致时，套利者会套利，同时也会使流动性提供者面临无常损失。

（四）什么是无常损失

用户向资金池添加流动性后，当价格上涨或者下跌时，基于恒定乘积做市商的定价模型，用户撤出流动性后所得的资产价值与单纯持有相比会出现一定的损失，这个损失叫作无常损失。

由前面的例子可知，在初始价格 1ETH=1 000USDT 的时候，Bob 给资金池提供了时值共计 2 000 美元的 1 枚 ETH 和 1 000 枚

USDT；待 1ETH=4 000 USDT 的时候，Bob 决定将资金提现。由于他初始注入的流动性占整个资金池 10% 的份额，而此时整个资金池内的资产经过套利者交易达到价差平衡后留存了 5 枚 ETH 以及 20 000 枚 USDT，因此，Bob 如果选择提出所有资产，则他可以提现 0.5 枚 ETH 和 2 000 枚 USDT，总价值 4 000 美元。与存入时的 2 000 美元相比，Bob 获利为 100%，显然是一笔不错的收益。然而，如果 Bob 一直持有 1 枚 ETH 和 1 000 枚 USDT，结果又会怎样呢？这些资产的总价值将升至 5 000 美元，Bob 选择持有的获利结果将为 150%。

同样的例子，我们来看另一种情况，假设 ETH 的价格下跌到 1ETH=250USDT，价差同样会让套利者投入更多的 ETH 来换取资金池中的 USDT，整体资金池总流动性不变，仍保持为 100 000，则最终资金池达到平衡的结果就是留存 20 枚 ETH 和 5 000 枚 USDT。若此时 Bob 要提取其全部资产，按照 10% 的资金池份额占比，在不考虑交易摩擦的情况下，Bob 能拿到的是 2ETH 和 500USDT，共计价值 1 000 美元的资产。相比初期价值，Bob 的亏损为 1 000 美元。但如果 Bob 一直持有会怎样呢？Bob 的资产价值将跌至 1 250 美元，亏损仅为 750 美元。

如此看来，不管 ETH 的价格是上涨还是下跌，与存入流动性资金池相比，Bob 一直持有这些资产反而能获得更高的收益。而这收益的差额，这就是所谓的"无常损失"。无常损失是去中心化交易所为解决本身无法获取外部价格的问题而引入了流动池的固有现象。流动性资金池无法感知价格，当中心化交易所的外部价格变化时，就会出现价差、引发套利而最终恢复平衡。在一般的中心化交易所中，买和卖都必须有对手盘匹配才能成交，然而在 Uniswap 等采用了 AMM 机制的去中心化交易所中，流动性提供者会自动同时成为买方及卖方，一旦有人发起交易，交易会自动执行，同期价格就会随之变化，连同改变池内的资产持仓。作为流动性资金的提供者，当价格下跌时，不仅本金在亏损，还会被强迫加仓，越亏越多；反之价格上涨时会被强迫减仓，少赚一些。这就是"无常损失"的来源。从中文字面来看"无常损失"确实不容易理解，看英文"Impermanent Loss"会更直观，就是非永久的损失。因为只有在面临无常损失的时候取出流动性资金，这个损失才是永久的。当然，如果提供流动性时价格回到与初期价值一致，无常损失就会消失。

关于无常损失数额的计算，网上有很多小工具，下面以代币 A 和代币 B 的比值涨跌幅和实际收益做了一个简化的一览表（表 3-3），供大家参考。

表 3-3　无常损失与代币价格涨跌对应一览表

币价涨幅（%）	无常损失（%）	实际收益（%）	币价跌幅（%）	无常损失（%）	实际损失（%）
10	0.11	4.88	10	0.14	5.13
20	0.41	9.54	20	0.62	10.56
30	0.85	14.02	30	1.57	16.33
40	1.40	18.32	40	3.18	22.54
50	2.02	22.47	50	5.72	29.29
75	3.79	32.29	60	9.65	36.75
100	5.72	41.42	70	15.73	45.23
200	13.40	73.23	80	25.46	55.28

续表

币价涨幅（%）	无常损失（%）	实际收益（%）	币价跌幅（%）	无常损失（%）	实际损失（%）
400	25.46	123.01	90	42.50	68.38
800	40.00	200	95	57.41	77.64

注：设组成流动性池的两个币种为 A 和 B，表中市价涨跌以当前价格和组成流动性池时 A/B 的相对价格计算，"实际收益/亏损"为解除流动性池后都以当前价格换成 B 后与组成流动性池之前都换成 B 的数量比。

资料来源：OKEX Chain。

那既然会有"无常损失"的存在，为什么还要给资金池提供流动性呢？答案就是存在其他奖励，通常有两种奖励可以作为资金流动性的提供者，即交易手续费奖励和流动性挖矿奖励。接下来用 Uniswap 和一个功能与其非常相似的项目（在某种程度上可以被称为仿盘）SushiSwap 来给大家介绍一下两种奖励。

♦ 交易手续费奖励

前面已经提到，Uniswap 平台上收到的手续费按照资金池内资金流动性提供者的资金份额来分配。那这个具体是怎么运行的呢？

用户将两种代币资金注入流动性池的时候，会收到由 Uniswap 平台发放的该资金池的流动性提供者通证（LP Token），这个通证其实就是按照流动性提供者的资金份额对应给予的一种出资证明，是一种权益证明。

例如，前文例子中的 Bob 提供了整个资金池 10% 的流动性，则对应能收到的手续费奖励就是该资金池所有手续费收入的 10%。用户持有了这个 LP Token，按照智能合约的约定，就会收到相应比例的手续费奖励。

按照最初的 Uniswap 智能合约设定，平台本身并不需要保留利润，而是将手续费收入分配给流动性贡献者。当然这只是 Uniswap 的智能合约设定，并不意味着所有的 DEX 平台都必须如此，也有一些协议会约定将一部分收入收归平台的社区，用于平台日常的发展或者维护。但这些设定都是透明的，一般在项目的白皮书中会有公开说明。

♦ 流动性挖矿奖励

"流动性挖矿"不是 DEX 特有的奖励模式（更多应用在后面要介绍的去中心化借贷协议领域），但值得在此一提的是，有一部分的 DEX 针对提供了流动性的用户提供另外一种奖励作为重要的激励，SushiSwap 就把这种激励模式成功地应用到了 DEX 领域。

"流动性挖矿"英文有两种叫法（Liquidity Mining 或 Yield Farming），可以简单理解为权益质押，是将因提供了流动性资金而获得的奖励权益凭证（通证代币）质押或者锁仓而获得奖励的方法。

通常平台都是向质押或者锁仓的用户提供平台自身的代币，例如，SushiSwap 发行通证代币 Sushi，这种奖励机制的原理是，奖励的多少与用户所质押流动性的权益凭证数量和质押时间成正比。一句话概括就是，流动性提供者的贡献比例越大，以及质押由提供流动性而获得的权益凭证时间越长，可以获得的平台奖励代币越多。所以如果 Sushi 通证代币本身价格上涨，就会让这个奖励部分的收益变得非常有吸引力。

小贴士:

如何衡量流动性挖矿的收益呢?

通常,流动性挖矿的收益是可以参照传统市场年化收益率的概念来衡量的。这样可以估算一年内可以获得的预期收益。

常用的度量标准是年化利率(APR)和年化收益比率(APY)。它们之间的区别在于,APR 不考虑复利的影响,而 APY 则需要考虑。在这种情况下,复利意味着直接将利润再投资以产生更多的回报。

还应该注意的是,这两个值只是在某一个时间点上做出了收益估测的指标,往往并非恒定的。为什么呢?因为流动性挖矿是一个信息透明且节奏很快的市场,其收益会由于参与者的变化迅速波动。通常而言,大量的流动性质押涌入可能会导致收益率迅速下降。所以 APR 也好,APY 也好,只能作为一个即时比较的参考指标,即使是短期收益也很难准确估计。

第六节
DeFi 代表应用——去中心化借贷

在 DeFi 领域的应用中,除去中心化交易所之外,占据最重要地位的就是去中心化借贷了。这和我们对传统金融的认知也是一致的。因为传统金融中金融服务的基础是建立在银行体系上的,尤其是商业银行，贷款服务是最基础的核心服务。随着市场和现代金融的发展，商业银行才逐步衍生出了投资银行、理财、托管等专业的细分金融服务。当然根据不同监管的要求，大部分国家或市场都要求经营主体持有不同的牌照资格才能提供此类服务。

在 DeFi 领域的发展历史中，借贷这项基础服务和传统金融的历史演进颇为相似。也许正是传统金融这么长时间的历史经验沉淀，借贷成为 DeFi 的基础，再加上本身 DeFi 智能合约的可组合性特征，DeFi 赛道中其他的类别应用如稳定币、合成资产、流动性挖矿、收益聚合器等都是在这个基础上搭建的。

在传统金融领域，借贷系统有三个角色：借款人、存款人、银行。

存款人将资金存入银行，银行将钱贷给借款人，赚取利差。但银行也并非没有风险，因为银行要防范借款人还不了钱的风险。因此，对于传统的一般性大额贷款，通常用房产、汽车等资产作为抵押，一旦违约，银行可以将抵押的资产卖出变现，收回贷款。银行通常会对借款人抵押的资产进行估值来评定所提供贷款的额度，同时也会根据借款人的资信情况等，给予不同的利息来平衡贷款违约的风险。在出现违约时，银行还可以通过将抵押物处置拍卖等各种措施，来减少银行的经营风险。

那这套借贷流程在 DeFi 中是怎么运行的呢？

DeFi 借贷一般有四个角色：借款人、存款人、清算者、平台。

与银行借贷不同，DeFi 中借款人抵押的是加密资产，用一种加密资产抵押后去借另外一种加密资产。例如抵押 ETH 借出 DAI，或者抵押 BTC 借出 USDT。不同的加密资产抵押率也不尽相同，例如 BTC 最大抵押率（LTV）若设定为 60%，则抵押即时价值为 1 000 美元的 BTC，最多只能借出即时价值为 600 美元的另一种加密资产。由于整个加密资产板块的价格具有高波动性的特性，所抵押的加密资产存在价值的大幅波动，而一旦超过智能合约所设定的最大抵押率，就会触发自动清算执行，这时清算者便成了这个流程闭环的终结者。

清算者类似于传统银行中的不良资产处置公司，清算者使 DeFi 借贷系统能实现运营模式的闭环，扮演着维持整个体系的稳定和可持续的重要角色。跟着上面的例子来说，假如由于 BTC 价格的下跌，借款人抵押的 BTC 即时价值不足 600 美元，但是借款人可能已经从平台借出了 600 美元的最大借贷额度，那么此时借贷人完全有可能不归还借款，从而产生系统性风险。因此，为了防止产生这种情况，触发清算的抵押物资产便会卖给清算者，平台实现了债务权益的转移，而清算者提供的资金可以用来保障存款人的利益。为了激励清算者参与清算，平台会在出售资产时给予清算者一定的折扣，而这个折扣正是清算者的利润。这和传统金融市场中银行处置不良资产时，将不良债务打包按照一个折扣价格卖给一些资产管理公司（AMC）去处置的逻辑是相同的。

去中心化借贷和传统银行的借贷最大的不同是，传统银行通常会在即将触发不良处置程序前和借款人沟通，甚至通过新的谈判来重新设定一些条件，以确保能最大程度地避免资产处置。而由于去中心化借贷是没有人为干预的，所以一旦到达触达条件，便会自动启动执行程序，因而没有中心化借贷机构的灵活性，即使是一些本身有良好资信背景的借款人，也无法享受到特殊的个性化处置待遇。

此外，传统的抵押贷款本质上是将房子、汽车、土地等非流动性资产作为抵押，借出高度流动的现金资产，而 DeFi 中抵押的资产和借出的都是加密资产，目前主流的 DeFi 借贷所支持的加密资产也都属于高流动性的资产。那这个借贷的需求逻辑是什么呢？

一方面，主要是增加杠杆来做投资，通过抵押而借出来的加密资产可以扩大可投资的本金，或者补充短期的流动性，同时不必出售手中一些想长期看好并持有的加密资产；另一方面，很多借贷平台会对借贷者的借款行为进行奖励，加上奖励补贴后，有一段时间甚至会出现借款人实际借款所支付的利息是负数，即借款最后实际变成了赚钱，这也刺激了更多的借款人去借款。

目前，DeFi 市场变化很快，很多项目都在经历各自的成长期，但是自 2020 年以来，Compound、MakerDAO、AAVE 还是长期居于借贷市场中头部的地位，值得大家重点关注。随着以太坊以外的公有链纷纷布局 DeFi 生态，后期还出现了不同链上的头部热门借贷应用，比如 BSC 链上的 Venus，Tron 链上的 JustLend，以及 Solana 链上的 Solend 等。

♦ MakerDAO

MakerDAO 创始人罗恩·克里斯滕森（Rune Christensen）在 2013 年 3 月第一次通过 Reddit 向世人展示了愿景，即创建一个由以太坊支持的美元稳定币，按照成立时间来算，于 2014 年正式成立的 MakerDAO 是以太坊上第一个去中心化自治组织。

在 DeFi 领域，MakerDAO 的创立具有颠覆性的意义。MakerDAO 是一个运行在以太坊区块链上的，集稳定币和抵押借贷功能于一体的去中心化协议，也被视为第一个允许用户贷款的 DeFi 项目。MakerDAO 用超额抵押机制对冲信用风险，并且是完全运行在链上的一套系统，不存在中心化托管的风险。用户使用经过协议批准的加密资产作为担保物来生成去中心化稳定币 DAI。MakerDAO 所铸造的通证代币 DAI 在去中心化稳定币市值规模上稳居前列。

● Compound Finance

Compound 是第一个提供无许可借贷池的 DeFi 项目，用户可以从中获得存款利率，或者借取加密资产。类似于银行的"抵押借贷"，用户可以将自己的资产抵押在协议中获得利息收益，而资产的借用方则需要支出相应的利息，其利率是算法根据每种资产的供求设置的。贷方和借方直接与协议交互，赚取或支付算法设置的浮动利率，而无须与对等方或对手方协商期限、利率或抵押品等条款。

Compound 在 2020 年 6 月推出的"借贷即挖矿"带火了 DeFi，这是"流动性挖矿"奖励的一种形式，即奖励用户借贷的行为，甚至一度出现了补贴奖励大于所需支付利息的"越借越赚"的现象，提升了整个 DeFi 板块项目的热度。

♦ AAVE

Aave 在芬兰语中的意思是"幽灵"，2017 年 11 月推出时名为 ETHLend。AAVE 也是一个 DeFi 借贷协议，它使用户能够使用稳定和可变的利率借贷各种加密货币。

AAVE 是整个加密资产领域第一个提出"闪电贷"（Flash Loan）概念的协议。我们前面介绍的借贷项目为了对冲交易对手方风险而采用超额质押的方式，这意味着资金利用率会受影响，而闪电贷允许借款人无须抵押资产即可实现借贷，从而极大地提高了资金利用率。

闪电贷只能在一个区块内完成所有操作，它允许用户在不提供任何抵押物的情况下借出一定的加密资产，但同时用户需要在借出资产的交易在链上确认完成之前偿还这些资产，即借出和偿还的信息必须是记录在同一个区块上的，否则一切行为都会被回滚，除用户损失交易成本外，一切都会像没有发生过一样。

这个贷款的描述对绝大多数人尤其是传统金融的从业者来说是极其烧脑的，因为从一个区块的记录完成到下一个新区块的生成之间的时间是很短的，正常场景下这么短时间的借贷在现实生活中是不存在的。但由于一笔链上交易可以包含多种操作，使得开发者可以在借款和还款间加入其他操作，使得这样的借贷多了很多想象空间。这个功能为有一定技术的套利者提供了套利的途径。这也正是我们所说的，DeFi 不仅仅是照搬传统金融，还有很多基于区块链技术的应用创新。

第七节
DeFi 代表应用——稳定币

一、稳定币的定义

稳定币（Stablecoin）是加密货币的其中一种类型。稳定币从本质上来说是一种具有"锚定"属性的加密货币，其目标是锚定某一现实世界的资产，并与其保持相同的价值。稳定币的价值与被抵押资产的价值直接联动。这就像是 19 世纪中期开始盛行的金本位制度，由政府主导每单位的该国货币价值等同于多少重量的黄金。

通常认为，加密货币的特点就是价格波动大，而稳定币锚定美元等法币或者其他价值稳定的资产，为加密货币市场带来了难得的稳定性。基于区块链开放性的原则，全世界任何地方的人都可以持有稳定币，并将其作为一种计价或收益与法币资产可挂钩的合成资产。

稳定币严格意义上并不算 DeFi 领域独有的应用创新，因为有些稳定币在 CeFi（中心化金融）领域已经扮演了举足轻重的角色。稳定币可以只是一种加密资产，也可以独立于 DeFi 市场之外，有很普及的应用场景。在 DeFi 爆发的过程中，稳定币板块也有了对应的创新，而毋庸置疑的是，稳定币的广泛采用推动了 DeFi 乃至整个加密市场的蓬勃发展。

二、稳定币的作用

由于大多数加密货币的波动性较大，其价值可能会快速变动，因此不仅是从交易需求的角度，希望加密资产在兑换的过程中能够报价稳定以便提高交易的效率；而且从资产配置的角度，很多投资者并不希望长期持有一种高波动的资产，尤其是在加密资产价格下跌的情况下，需要一种灵活的避险工具。这些都是催生稳定币的重要原因。

那总体而言，稳定币有哪几方面的作用呢？

（一）具有价值度量功能的交易媒介

比特币是整个加密市场中市值最大的加密货币，而最常见到的比特币是以美元来计价的，这个好处显而易见，因为美元目前是现实世界中最通行的价值度量工具。但事实上，很多交易市场并不支持比特币和法定货币如美元直接兑换，所以美元虽然作为加密货币的价值度量尺度，但并不能很好地成为交易媒介。在这种情况下，稳定币应运而生。一方面，稳定币成为加密货币世界自有的价值度量标准，其锚定现实世界的法定货币（多数为美元）的报价很容易被市场接受；另一方面，稳定币很好地承担了交易媒介的职能，方便交易者在各种加密货币之间快速兑换，推动了整个加密货币市场的繁荣。

（二）加密资产的价值储存和保值避险

由于加密货币的价格波动往往剧烈，这就需要一种能够储存加密资产稳定价值的货币。比如，2021 年 11 月至 2022 年 7 月，比特币价格从最高 6.9 万美元 / 枚跌至不到 3 万美元 / 枚，其他加密货币也普遍大幅下跌，加密资产市场中少有可避险的种类。在这种情况下，如果持有者能在较高的位置将其转化为一种价值稳定的加密货币，就既能继续持有加密资产，又可以规避下跌过程中资产缩水的风险。因为稳定币的核心理念是锚定现实世界中的资产（如美元）。

三、稳定币的种类

稳定币大致可分为三类：法定货币和资产支持的稳定币、以加密资产作为抵押的稳定币、算法稳定币（图 3-4）。

图 3-4　稳定币的种类

（一）法定货币和资产支持的稳定币

法定货币和资产支持的稳定币基于储备资产发行。例如主流的稳定币 USDT，该币由 Tether 公司发行，主要以美元和美债作为发行储备，承诺 1USDT 可兑换 1 美元法币。其他还包括近几年迅速发展壮大、大有赶超之势的由 Circle 公司发行的 USDC。由于这种稳定币发行是以现实世界的有价资产作为担保的，所以其币值稳定性被认为是最高的。

（二）以加密资产作为抵押的稳定币

这种稳定币的发行也以资产作为担保，只不过担保资产是加密货币。理论上，只要稳定币背后的加密货币价值大于稳定币价值，那么这种稳定币的稳定性就有保障。例如 MakerDAO 发行的稳定币 DAI，其设定就是 1DAI =1 美元。

（三）算法稳定币

算法稳定币不依赖于储备资产的支撑，而是通过算法控制供应量，从而保持货币价值的稳定。这种稳定币类似于采用联系汇率制度的法定货币，当货币贬值低于某一阈值时减少供应，当币值上升高于某阈值时增加货币供应。但区别在于，央行发行的货币无论如何还有政府信用担保，而纯算法稳定币不可能有这种信用。

四、稳定币的风险

2022 年最大的"黑天鹅"事件——Luna/UST 算法稳定币项目在短短几天时间内市值从近 400 亿美元跌至几近归零，已经向我们展示了算法稳定币本质上是不稳定的。但算法稳定币本身是区块链的一种创新，我们可以保持对这种创新的探索。

在以加密资产作为抵押的稳定币中，像 DAI 这样的超额抵押稳定币由于有稳健的清算机制，在过去两年的大事件中都很好地维

持了稳定性。但我们不能一概而论，认为所有以加密资产为抵押的
稳定币都是安全稳定的，这需要更多时间去检验。

　　而我们使用率最高的法定货币和资产支持的稳定币，尤其是
头部的 USDT，一直由于无法提供有效资产储备证明其有能力实现
所承诺的 1∶1 美元兑换而饱受争议。事实上市场普遍认为 Tether
是资不抵债的，无法履行其全部资产的法币兑付承诺，只是由于
USDT 的高流动性和交易对的高普及程度，交易者还是普遍选用
了这种稳定币，但我们也不可忽视这其中的风险。而趁势而上的
USDC 也正是因为在资产证明方面的良好表现，迅速成为市场的
主流选择。USDC 在 2020 年 12 月进行了一次审计，证实他们有
40 亿美元的资产储备。USDC 主要在两个地方开设银行：银门银行
（Silvergate Bank）和签名银行（Signature Bank）。目前只有这两家
美国银行可以向加密货币公司提供 7×24 小时的 API 交易，这是运
营类似稳定币流通的要求。随着 USDC 发行公司 Circle 的筹备上市，
未来所能披露的信息也将增加 USDC 的透明度和信用度。

DeFi 赛道小结：

　　以上，我们介绍了在 DeFi 板块中占据市值最大的三个领
域，分别是去中心化交易所、去中心化借贷和稳定币。此外
DeFi 的生态版图中还有很多应用板块，诸如支付、保险、合成
资产、收益聚合、衍生品等，甚至还在不断创造新的应用领域。
　　DeFi 是区块链技术和金融的结合，虽然这两者本身都是客

观存在的，但我们认为结合在一起的两者被赋予了一种新的价值主张。从这个角度出发，可能更容易让大家去认知和接受这个新兴的事物。很多传统金融业的资深人士最初接触 DeFi 时，主要的认知障碍并不是来自技术或者具体产品的金融机制，而是来自 DeFi 特有价值观与传统金融的巨大差异。所以 DeFi 不仅仅是传统金融的平行世界，也不仅仅是传统金融在加密世界的映射，未来它将会和传统金融实现融合，这是一种新的价值主张下的新金融思维。

如果过去 20 年我们学会了什么叫互联网思维，也许下一个 20 年我们就是在学 Web3.0 思维，以及在这个思维基础上衍生出的各种创想。

第八节
认识 DeFi 世界中的风险

前文的阐述重点在于帮助读者了解 DeFi 的创新之处，但我们切不可忽视 DeFi 领域隐藏着的巨大风险。现代金融发展近百年，也无法发现或者规避所有的风险，更何况一个只有几年历史的金融创新。可以说，我们甚至都无法有效识别这个领域的所有风险。我们能做的，一方面是利用经验和认知去积累和改善，另一方面就是去经历周期。不管科技手段多发达，经济的周期有它本身的运行规律，宏观尚且如此，微观到整个金融体系，再到 DeFi 体系，又如何能独善其身呢？

这里只浅显地提出几个值得关注的风险点，可能只是冰山一角。

一、智能合约风险

智能合约的安全性问题一直是 DeFi 乃至整个区块链安全领域的第一大问题，程序员的某些疏忽可能会造成思维和逻辑上的漏洞，从而让黑客有了可乘之机，给用户的资产带来重大的损失。

还有就是智能合约的机制设计风险。在正常市场情况下和面对系统性风险情况下，可能需要有不同适应性的反馈机制设置。比如面临"黑天鹅"事件，加密资产在短时间内极速贬值，导致来不及清算产生系统崩溃的风险；DeFi 基于其金融乐高的属性，通过组合不同协议和应用确实加快了协作和构建，但这同时会增加智能合约的风险。因为很多智能合约上线运行的时间周期尚短，还处于验证过程之中，所以如果其中一个智能合约有重大的漏洞，就可能导致整个系统崩溃。这就是为什么在任何一个系统上放置太多资金都要谨慎小心。

二、治理风险

区块链行业的基础是通过技术手段来实现去中心化，很多平台是基于 DAO 来治理和运行的。但是 DAO 协议本身的治理控制权可能并没有很好地实现去中心化，甚至有的协议因为有着较高的中心化程度而实现了相对控制。去中心化治理导致管理人缺位而影响平台发展的情况也时有出现。

三、人为操纵风险

由于 DApp 或者有的协议本身开发是依靠中心化的团队，所以这些核心团队的价值观也会影响一个协议的长期发展。整个加密资产市场的合规和监管都还处于早期，加之其具有匿名性的特色，容易被一些动机不良的人钻了空子，所以常常发生一些人为的恶意操纵行为来损害投资者利益。区块链行业有一个词"Rug Pull"（卷钱跑路），就是描述这种现象，所以我们要提醒所有的参与者时刻保持清醒的头脑，切不可被超高收益一时冲昏了头脑。

四、法律风险

由于 DeFi 处于发展的早期阶段，监管和法律目前还滞后于整个产业的发展，所以虽然 DeFi 具有了金融的功能属性，但是还没有形成一套有国际化共识的法律法规体系来实行监管。目前在不同的法域对这个产业的监管态度和处置方法都是不同的，有些国家和地区在新的法律法规出台前还是试图用现有的法律和条例来监管，有的国家和地区则采取更严厉的全面禁止的政策。从业者和参与者也要参考自身所处法域的法律法规来规避相关风险。

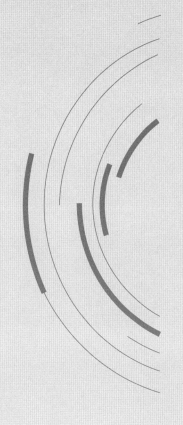

第四章

Web3.0 的核心应用
——NFT

第一节
初识 NFT

NFT 全称为 Non-Fungible Token，指非同质化代币，是一种建立在区块链标准之上的数字商品，以代码标记出商品的所有权，并且支持在开放市场自由交易。

想要了解非同质化代币，需要先厘清什么是同质化代币（Fungible Token，FT），以及这两者的区别是什么。

一、同质化代币

以比特币为例，对加密资产持有人而言，在数字钱包中持有某一个比特币，和持有另外一个比特币是没有区别的。简单来说，就是任何一个比特币都可以和另一个比特币做简单交换。好比在日常生活中，人们用 1 美元纸币去换另一张 1 美元纸币，即使纸币上的序号不同，但对持有人而言没有本质上的区别，因为两者的规格、属性、交换价值是等同的。

不仅比特币如此，我们所接触到的大多数加密货币都是同质化代币，如以太币和前文提到的 Sushi 币等。同质化代币可以与同一种类的资产做相等单位的互换，其核心是一种"可被同等替换"的资产通证。

二、非同质化代币

与同质化代币不同，非同质化代币彼此之间是不能互换的，一句话概括就是：NFT 具有"唯一性"特征。每个 NFT 都有自己特定的属性集（例如链上和链下元数据），正是这些属性集赋予了它唯一性。唯一性意味着 NFT 不能简单地使用另一个相同单位进行替换，因为甚至并不存在与之相同的其他单位，即使它们看起来相似，但彼此之间有着根本的不同。

比如我们去看一场电影，某一场次有 100 张票，虽然电影票的价格是一样的，但是任何两张票兑付的权益都不同，因为至少它们对应不同的座位，所以不能做简单的互换。

此外，绝大多数 NFT 不可分割。虽然在 NFT 金融化的进程中出现了诸如碎片化的协议，但是通常而言，一个 NFT 的分割会影响整个 NFT 的价值。

虽然 FT 由于其通用性，在交易的过程中有很高的效率，但现实生活中许多有实际价值的事物是需要具备不可替代的属性的，如商业合同、艺术作品、身份证明、房屋产权证等。所以，NFT 对于现实世界资产的上链应用来说，能发挥 FT 无法替代的作用。NFT 的独特属性使得它通常与特定资产挂钩，比如证明原创作品等知识产权的所有权和真实性，还能衍生应用于股票、房地产等实际资产的上链映射。

所以 NFT 不仅是数字空间的存在，更重要的是，NFT 可以作为一种独一无二的权益凭证与现实世界中存在的任何东西挂钩，我们称之为"数字孪生"，这样就可以在数字交易市场上实现世界资产的所有权转让交易。

表 4-1 总结了 NFT 与 FT 的核心差异。

表 4-1　NFT 与 FT 的核心差异

NFT	FT
不可互换性：NFT 不可以与同类 NFT 互换，例如一张学历证书并不能和另外一张学历证书互换	可互换性：FT 可以和同类 FT 互换，例如一张美元纸币可以和同等面额的美元纸币互换
独特性：每个 NFT 都是一个独一无二的存在	统一性：同类别的 FT 之间规格相同，无差别存在
不可分割性：NFT 通常是一个整体，不可再次分割	可分割性：FT 通常可以分割为更小的单位，比如 1 元硬币可以分割为 10 个 1 角钱硬币

（一）NFT 的特点

1.唯一性

NFT 在其代码中包含了每个通证的专有属性信息，这是一段独一无二的"可识别信息"，使其与其他通证不同，而且这个信息是永久且不可篡改的。

2. 所有权

NFT 结合了去中心化区块链技术与非同质化资产的最佳特性。由于 NFT 记录和存储在去中心化的区块链上，其赋予了所有者真正的数字资产所有权，而真正的所有权正是 NFT 作为资产和权益凭证的核心要素。

3. 可追溯

每个 NFT 在链上都有公开透明的交易记录，从创建到交易转移的每个环节都可追溯。每个 NFT 都可以验证真伪，防止欺诈，这对所有权拥有者和潜在买家来说至关重要。

4. 不可分割性

绝大多数 NFT 不可分割（也有部分场景下是可以分割的），就像电影门票无法出售半张一样，一个整体才能代表所有的权益，而分割往往会让权益证明失效。

5. 可编程性

像所有传统的数字资产和建立在智能合约区块链上的代币一样，NFT 完全可编程。将代币进行编码，每一个 NFT 都是由元数据（Metadata）组成的，这些元数据赋予了每一个代币不同的特性，包括大小、所有者名字、稀缺性等。因此 NFT 的潜力是无限的。

6. 互操作性

这也是可编程性的一种延展，NFT 标准允许 NFT 在多个生态系统之间轻松移动。比如未来在多个可链接的元宇宙或者区块链游戏中，一个 NFT 完全可以作为资产或者工具自由转移，因为开放标准为读取和写入数据提供了清晰、一致、可靠和经过许可的 API。

（二）NFT 的主要协议标准

ERC-20 协议是以太坊区块链上 FT 的协议标准，而大多数 NFT 也是在以太坊区块链上创建的，以下四种标准最为常见。

1. ERC-721

ERC-721 是一种具有唯一性识别的代币标准，既是最早的非同质化代币标准，同时也是最常用的通证形式。ERC-20 代币可以细分为 10^{18} 份，而 ERC-721 的代币最小单位为 1，无法再分割。这个标准是伴随着 2017 年最火热的区块链游戏加密猫（CryptoKitties）的出现而诞生的。CryptoKitties 是第一个遵循 ERC-721 标准的应用，在 2017 年底造成了以太坊网络拥堵，并第一次创造了天价神话，强大的造富效应引发了更多人对 NFT 的关注。提出这个标准的人是迪尔特·雪莉（Dieter Shirley），他也是主导这款游戏开发的核心人员，后来担任了著名的 DApp Labs 的首席技术官。如果说 ERC-20 是货币的代币化，ERC-721 就是物品的代币化。

2. ERC-1155

ERC-1155 的核心概念是一个单一的智能合约可以管理无限种类的通证。简而言之，ERC-1155 允许一个智能合约处理多种类型的代币。这种合约可以同时包含 FT 和 NFT，大大提升交易效率，以及节省交易成本，如减少 Gas 费的支出。ERC-1155 由 Enjin 公司的团队首创，而 Enjin 推出这个协议标准的起因是希望创立一种对游戏内资产更友好的标准，比如可以一次性打包交易多种区块链游戏中的虚拟道具等。

3. ERC-998

ERC-998 是由马特·洛克耶（Matt Lockyer）提出的一种名叫"可组合非同质化代币"（Composable NFTs，CNFT）的构想，该协议允许创建"可合成"的代币。它的结构设计是一个标准化延伸，可以让任何一个 NFT 拥有其他 NFT 或 FT，简单来说就是 ERC-998 协议可以包含多个 ERC-721 和 ERC-20 形式的代币。ERC-998 是一种类似"合成"出售的商品。例如，在电脑游戏中一个游戏角色的所有权代表一个代币 A，而角色装备的所有权代表另一个代币 B，ERC-998 允许用户将二者合成为一个代币 C 用于整体交易。

4. ERC-4907

除此之外，ERC-4907 是 ERC-721 的扩展。它提出了一个可以授予地址的附加角色，以及自动撤销该角色的时间。在 ERC-4907 标准通过之前，用户每次转让 NFT 时，也会跟着交出其所有权。ERC-4907 这项智能合约标准就可以解决这个问题，它将 NFT 的使用权和所有权分开，用户将自己拥有的 NFT 租赁出去时可决定租用到期日，当租用期限结束，该出租 NFT 的使用权将自动失效，出租的 NFT 也会归还给原所有者。简单来说，ERC-4907 标准将会增加 NFT 交易形式的灵活性，以及提升 NFT 的流动性和资本利用率。

第二节
NFT 的发展历程

理解一个新生事物，只有对其源头以及演变过程作了充分了解，才能深刻理解它可能蕴含的未来价值基础。因此，要认知和理解 NFT，不妨从 NFT 的诞生说起。

2017 年，CryptoKitties 创始人兼 DApp Labs 首席技术官迪尔特推出了 NFT 最常用的标准协议 ERC-721，同时也正式提出了 NFT 的概念。当年，比特币短期内从 5 000 美元快速上涨到 20 000 美元，成为当时的历史新高点。伴随着整体市场的迅速升温，CryptoKitties 的迅速走红将 NFT 的概念带入大众视野。由此，数字资产不再只是指代以比特币、以太币为代表的 ERC-20 标准的加密货币，NFT 所代表的加密资产也开始被市场所接受。虽然 NFT 的概念是在 2017 年正式提出的，但是类似的概念和应用却是在更早之前就出现了，了解 NFT 的历史演进将更有利于我们了解 NFT 的价值和应用。

一、1993 年：加密交易卡（Crypto Trading Cards）

1993 年，资深密码学专家的哈尔·芬尼（据说是第一个收到比特币的人）分享了一个有趣的概念——加密交易卡。这是依托加密学和数学的呈现形式，随机排列组成一个系列的套卡。

二、2012 年：彩色币（Colored Coin）

2012 年，第一个类似 NFT 的通证——彩色币诞生。彩色币由小面额的比特币组成，它可以小到一个 satoshi（比特币的最小单位）。彩色币可代表多种资产并有多种用途，包括资产凭证、优惠券、订阅等。虽然彩色币在设计上仍然存在着很多缺陷，但是彩色币的诞生使许多人认识到将资产发行到区块链上的巨大潜力，这奠定了 NFT 的发展基础。

三、2014—2016 年：Counterparty 创立

2014 年，罗伯特·德莫迪（Robert Dermody）、亚当·克伦斯坦（Adam Krellenstein）和埃文·瓦格纳（Evan Wagner）创立 Counterparty。这是一个点对点的金融平台，并于比特币区块链之上建立了分布式开源互联网协议。2015 年，Spells of Genesis 游戏的创造者通过 Counterparty 成为区块链发行游戏资产的先驱。2016 年，一只带有 "meme"[①] 气质的卡通青蛙形象——Rare Pepe 拉开了 "meme 时代" 的大幕。

---

① meme 被翻译为模因，其实就是一种表情包、图片或者一句话，甚至一段视频、动图，通俗来讲就是我们所说的 "梗"。

四、2017 年 6 月：CryptoPunks 发布

2017 年，两个移动 App 开发技术专家约翰·瓦特肯森（John Watkinson）和马特·霍尔（Matt Hall）在机缘巧合之下，意识到可以在以太坊区块链上创造独特的角色，并决定开始创建自己的 NFT 项目。他们使用像素角色生成器，创造了许多很酷的像素角色头像，并把这些头像的数量限制为 10 000 个，且每一个都是独一无二的。这个项目就是 CryptoPunks（图 4-1）。

图 4-1　CryptoPunks 头像 NFT

资料来源：Larva Labs 官网，https://www.larvalabs.com/cryptopunks。

起初，这些头像只是免费向公众发放，任何拥有以太坊钱包的用户支付相应的 Gas 费用即可获得一个头像。而此后，CryptoPunks 连同整个 NFT 市场人气飙升，成为炙手可热的明星。佳士得拍卖行甚至成交了估价高达数百万美元的 CryptoPunks NFT。

值得一提的是，由于当时专门面向 NFT 领域的 ERC-721 通证协议还未诞生，所以两人对 ERC-20 标准进行了适当的修改，才得以成功将项目布置在以太坊区块链上。

五、2017 年 10 月：CryptoKitties 诞生

2017 年 CryptoKitties（图 4-2）的出现，真正让 NFT 破圈成为主流。CryptoKitties 是一款基于区块链的虚拟游戏，允许玩家收养、饲养和交易虚拟猫。作为 ERC-721 通证标准下的第一款应用，每一只虚拟猫都体现得独一无二。在价值塑造方面，其所宣扬的价值不可复制的"稀有度"，让 CryptoKitties 迅速走红并成为市场的主流，于是 NFT 开始大行其道。

不管是因为 CryptoKitties 游戏交易造成的以太坊严重堵塞，还是 CryptoKitties NFT 成交价格超过百万美元所产生的巨大财富效应，都成功吸引了区块链媒体，甚至是主流财经媒体的关注和报道。

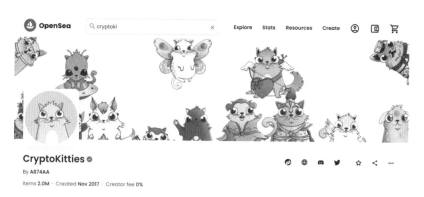

图 4-2　CryptoKitties 项目界面

资料来源：OpenSea 官网，https://opensea.io/collection/cryptokitties。

六、2018—2020 年：生态大发展

2018—2020 年，不仅有更多的 NFT 项目涌现，更重要的是 NFT 生态实现了大规模增长。在 OpenSea 引领下，SuperRare、Knownorgin 等共同构建了丰富的 NFT 交易市场，更好地促进了行业的蓬勃发展。虽然与其他加密货币交易市场相比，NFT 市场当时的交易量还很小，但它们增长快速，并取得了长足的进步。

随着 Metamask 等 Web3.0 钱包不断改进，进入 NFT 生态变得更加容易。此外，专业聚焦于 NFT 领域的网站，比如 nonfungible.com 和 nftcryptonews.com 等，也让这个行业的投资者和参与者有了更好的渠道深入了解市场指标、趋势和热点等。同时，各种项目也是在这个时期种下了种子，为接下来的爆发做足了准备。

七、2021 年：NFT 时代的元年

2020 年以来，多国政府选择了增发货币刺激经济的手段。不仅股市开始逆转而上，资金溢出也惠及整个加密市场，其中就包括 NFT 领域。2021 年是 NFT 发展史上风生水起的一年，也被称为 NFT 时代的元年。

我们接下来就重点盘点一下 2021 年最重要的 9 个 NFT 项目，来记录 NFT 历史上最不平凡的一年。

（一）NBA Top Shot

由著名的 DApper Labs 公司与 NBA 合作开发的收藏类游戏 NBA Top Shot 在 2020 年末上线运营，短短几个月后迅速升温，到 2021 年 3 月，历史交易额竟高达 3.2 亿美元，远远高于排名前 5 位的其他几个项目的总和。同时，NBA Top Shot 的历史交易数量以及交易用户数也在市场排名中一骑绝尘。

（二）Hashmasks

2021 年 2 月，NBA Top Shot 之后下一个对 NFT 领域产生巨大影响的数字艺术收藏品项目 Hashmasks 诞生了（图 4-3）。

此时泡泡玛特在香港上市的热潮还未退去，Hashmasks 的出现让人们惊呼盲盒的发售形式居然能用在 NFT 身上。同时 Hashmasks 也第一次让用户通过为自己购买的藏品起名字而变成作品创作者，让 NFT 不仅作为一种数字艺术，也成为一种数字身份。

图 4-3　Hashmasks 项目界面

资料来源：OpenSea 官网，https://opensea.io/collection/hashmasks。

（三）《每一天：前 5 000 天》

2021 年 3 月，数字艺术家 Beeple 耗时 14 年创作的作品《每一天：前 5 000 天》（*Everydays：The First 5000 Days*）作为 NFT 出售，最终以 6 934 万美元的价格在英国著名拍卖平台佳士得卖出。而此后各路明星和艺术家包括村上隆、史努比·狗狗（Snoop Dogg）、埃米纳姆（Eminem）等也纷纷通过各种平台发布 NFT，NFT 由此彻底破圈。

（四）一条推文

2021 年 3 月，推特首席执行官杰克·多尔西（Jack Dorsey）把他 2006 年发布的首条推文以 NFT 形式拍卖售出，最终以 290 万美元的天价成交，也成为历史上最贵的文字内容的 NFT。

（五）无聊猿俱乐部（BAYC）

2021 年 5 月初，2021 年内表现最优秀的 NFT 系列——BAYC 诞生了。无论是在价格涨幅还是知名度、社交资本等层面，当 NBA 球星史蒂芬·库里（Stephen Curry）等一众明星纷纷入场购买和收藏，并且在他们的社交媒体上将其作为头像展示时（图 4-4），BAYC 将属性头像（Profile Picture，PFP）NFT 推升到了此前无法想象的高度。

图 4-4　史蒂芬·库里推特展示无聊猿头像

资料来源：推特账号 @StephenCurry30。

（六）Art Blocks

Art Blocks 是一个生成艺术平台（图 4-5），由埃里克·卡尔德隆（Erick Calderon）等人于 2020 年创立，用交易时随机产生的哈希值生成最终作品，颠覆式地改变了生成艺术创作的构建过程，是人与计算机、有序和随机之间的奇妙组合。2021 年 6 月，Art Blocks 开始逐渐为人熟知，并在 8 月创下了月度交易额的历史最高纪录，达 6.27 亿美元。

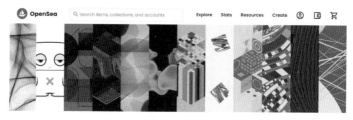

图 4-5　Art Blocks 项目界面

资料来源：OpenSea 官网，https://opensea.io/category/art-blocks。

生成艺术是加密领域里的一种艺术形式，与我们传统的绘画等手工原生创作等不同，生成艺术的创作依赖于代码，而生成艺术所使用的很多代码都是开源的，在开源代码的基础上加入一些艺术家自己的思考就能产生艺术作品。生成艺术的创作模式、理念与Web3.0 不谋而合。

（七）Nouns DAO

Nouns DAO 是一个 NFT 项目，它用出众的渲染技术处理随机生成的图像，结合拍卖、DAO 治理形成了一种新的玩法（图 4-6）。Nouns NFT 的发行与我们常见的一次性发行若干件不同，它采用的是每天拍卖一件的形式，并且成立了 Nouns DAO，获得 Nouns NFT 是加入 DAO 并参与提案、治理的唯一方式。而拍卖所得全部归 DAO 金库所有。

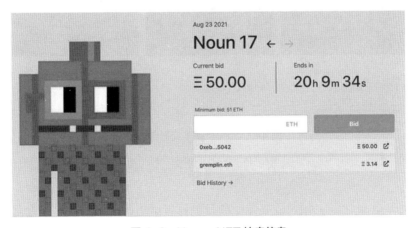

图 4-6　Nouns NFT 拍卖信息

资料来源：Nouns 官网，https://nouns.wtf/。

2021 年 8 月，Nouns 系列的 1 号 NFT 创下了成交额的历史最高纪录，在 8 月 8 日拍卖时以 613.37 ETH 成交，时值约合 248 万美元。

（八）Loot（for Adventurers）

2021 年 9 月，一个在 NFT 历史上有范式转变意义的项目诞生了，那就是 Loot（for Adventurers）（图 4-7）。根据其官网介绍，这是"随机生成并存储在链上的冒险家装备"。重要的是，所有视觉效果、统计数据和链上指标都被有意省略掉了，其主要目标是让收藏家有机会以他们喜欢的方式诠释自己的 NFT。

图 4-7　Loot NFT 交易信息

资料来源：OpenSea 官网，https://opensea.io/collection/lootproject。

在此之前，用户需要接受项目创作者给出的"形象"来作为自己的数字化身，然后等待项目方决定为 NFT 赋予哪些实用性或是为持有者发放哪些福利。而 Loot 所做的事情便是将这种模式调转过来，由用户、社区创造出大家认可的形象作为数字化身，一起决定如何赋能。这种收藏者和创作者身份互换融合的范式转变也开创了 NFT 的先河。

（九）The Merge

2021 年 12 月，一件拍出近 9 200 万美元天价的 NFT 作品吸引了我们的注意力。12 月 2 日，艺术家 Pak 的项目"The Merge"在 NFT 交易平台 Nifty Gateway 上公开发售。48 小时后，The Merge 吸引了超过 28 000 名收藏家参与，总成交额达到 91 806 519 美元，超过了 Beeple 的作品，成为"史上最贵 NFT"。

The Merge 如同其项目名字一样采用了合并机制，每个钱包都只能拥有一个小球，当买入第二个球时，两个球就会合并成一个球，球的颜色和体积也会发生变化。融合得越多，小圆球就会变得越大。随着二级市场交易不断发生，球的数量也会越来越少，起到通缩的作用。

The Merge 打破了原有的"先买入，再碎片化"的流程，变成了"先买碎片，再融合"的玩法。并且通过藏家的一系列交易，整个作品的外观会不断发生变化。The Merge 更像是一种 Web3.0 时代的大众行为艺术，这件艺术品最终会呈现什么样子，由参与其中的每一个人决定，并由智能合约在区块链上记录和呈现。

第三节
NFT 的生态布局

前文讲到，2018 年开始了整个 NFT 生态的布局，并由此点燃了 2021 年的大爆发阶段，以下这张来自 PAnews 的图片很好地说明了当前的 NFT 生态（图 4-8）。

图 4-8 NFT 产业生态布局

资料来源：PAnews，https://www.panewslab.com/zh/articledetails/1646986348476781.html。

本节接下来将选择 NFT 生态中最重要的几个板块和代表性应用展开阐述。

一、NFT 交易平台

前面介绍 DeFi 板块的时候，我们也是先介绍了去中心化交易所，因为在更多和现实结合的应用普及之前，加密资产的存储和交易还是最高频的场景，NFT 交易平台也是一样。

（一）OpenSea

2017 年 CryptoKitties 的火爆行情，激发了两位年轻人德温·芬泽（Devin Finzer）和亚历克斯·阿特拉（Alex Atallah）对于加密市场的兴趣。2018 年 2 月，OpenSea 上线发布，并成功地从 1confirmation、Founders Fund、Coinbase Ventures 和 Blockchain Capital 筹集了 200 万美元的天使轮投资。而到了 2022 年 1 月，OpenSea 的 C 轮投后估值已经达到了令人疯狂的 133 亿美元。

OpenSea 的目标是成为无须许可的 NFT 铸造、发现和交易平台。OpenSea 的策略很简单：它是一个买卖 NFT 的平台，由于相对于其他平台的进入门槛较低，这使得任何创作者都能够轻松加入。这种策略扩大了创作者的供应，丰富了平台上的资产，从而吸引了一级和二级市场上的用户和交易流动性。

值得一提的是，OpenSea 在聚合并提供广泛的资产类型的同时，还有一套强大的搜索和发现的筛选机制。"稀缺性"被认为是影响

NFT 价值差异的重要因素，每一个项目中的重要特征或者属性归类可能都是不同的。OpenSea 在捕获、编目和允许用户搜索这些特征信息方面表现非常出色。对每个 NFT 项目都需要按其属性自定义搜索过滤器，这些过滤条件必须由 OpenSea 依据每个项目的属性手动添加。这样良好的产品体验也帮助 OpenSea 在初期快速实现增长，并吸引了大量用户。2021 年，OpenSea 的交易量在整个 NFT 交易市场的占有率曾一度长期超过 90%。

OpenSea 将其 NFT 的选择分为九个类别：艺术、音乐、域名、照片、虚拟世界、交易卡、收藏品、体育和实用程序，并按照每笔交易金额的 2.5% 收取平台手续费。

（二）LooksRare

2022 年 1 月，LooksRare 横空出世。社区属性被 LooksRare 放在很高的位置，一方面，LooksRare 的口号是"成就于 NFT 用户，回报于 NFT 用户"（By NFT people, for NFT people）；另一方面，LooksRare 还提出了"交易费 100% 由平台的代币通证质押者共享"的策略。相较于 OpenSea 将平台手续费全部用于团队留存，LooksRare 的策略确实也应和了其社区优先的宗旨。

针对 OpenSea 收取 2.5% 的交易费用，LooksRare 对每一笔交易收取 2% 的费用，同时配合采用了所谓"吸血鬼攻击"的巨量空投策略，向 2021 年 6 月 16 日至 12 月 16 日期间在市场上交易 3 个以上以太币的 OpenSea 用户提供免费的 LOOKS 代币通证空投。这一策略大获成功，一推向市场就很快吸引了大量的用户涌入。

在空投之外，LooksRare 还推出了交易挖矿的奖励模式，激励用户增加交易，由此获得平台额外的代币通证奖励。

（三）X2Y2

OpenSea 的另一个挑战者 X2Y2 也在 2022 年面世。和 LooksRare 一样，X2Y2 也采用了将巨量代币通证空投给 OpeaSea 用户的策略来作为项目的启动。不同的是，X2Y2 的空投活动采用更普惠的方式，在以太坊区块高度 #13916166 处（OpenSea 在 2022 年的第一个区块）进行快照。在此之前交易过的 861 417 名 OpenSea 用户都是 X2Y2 的空投对象，且没有领取到期日，这样就覆盖了更多的潜在用户群体。

X2Y2 最早推出了挂单奖励，用户只要将自己的 NFT 上架就能获得代币通证的奖励。之后 X2Y2 又学习 LooksRare 启用了交易奖励的机制。而 X2Y2 的交易手续费只有 0.5%，相比其他平台更有竞争力。

（四）Magic Eden

Magic Eden 是一个 Web3.0 原生、社区驱动的 NFT 交易平台。不同于前面介绍的 OpenSea、LooksRare、X2Y2 等主要布置在以太坊链上的 NFT 交易平台，Magic Eden 是 Solana 链上最大的 NFT 交易平台，于 2021 年 9 月启动，在 2022 年乘风而起。

根据 DappRadar 的数据，2022 年 5 月 17 日，Magic Eden 以 3 815 万美元的 24 小时交易额力压 OpenSea 的 2 951 万美元交易额。虽然就整体和长期数据而言，OpenSea 还是当之无愧的市场"老大"，但新兴崛起的 Magic Eden 在 4 位华裔创始人的带领下正进入黄金时代。

Magic Eden 的目标是打造"下一代数字创造者的家园"（home to the next generation of digital creators）。Magic Eden 搭建起了一整套 NFT 服务框架，旨在为 NFT 领域内不同层级、不同方向的创造者提供全面的价值赋能。

（五）其他值得关注的 NFT 交易平台

1. Nifty Gateway

Nifty Gateway 是一个受监管的 NFT 交易平台，于 2019 年被加密货币交易所 Gemini 的创始人、"比特币亿万富翁"文克莱沃斯（Winklevoss）兄弟收购。Nifty Gateway 定位是数字艺术交易平台，专注于服务艺术家与艺术品爱好者，业务重点在于通过 NFT 与数字艺术的结合，带来全新的数字艺术交易模式。只有通过审核的创作者才能在平台上发行 NFT，艺术家入驻的高门槛要求在很大程度上保证了艺术品的质量。另外，Nifty Gateway 对传统用户交易支付非常友好，支持使用信用卡购买 NFT。

2. SuperRare

SuperRare 是一个供数字艺术爱好者收藏和社交的平台，和 Nifty Gateway 一样，采用艺术家审核机制来保证艺术品的原创性和高质量。

SuperRare 允许艺术创作者从转售价格中收取版税。每次 NFT 被转售时，创作者都能赚取一定的费用。由于费用是艺术家以智能合约代码的形式收取的，因而即使作品卖出很久，只要产生链上的交易，艺术家仍能自动获得版税。NFT 作品首次销售，创作者可获得 85% 的佣金，平台获得 15%。此后的每一次销售，创作者都可获得 3% 的佣金。

二、NFT 聚合器

NFT 聚合器主要用于 NFT 项目数据聚合，它可以跨越各个 NFT 交易市场收集数据，再将信息分门别类呈现在一个平台上，以满足不同用户的需求，其本质上是一个搜索引擎和引导交易的平台。

通过跨交易市场的信息聚合，用户可以在一个平台上很方便地查看、交易 NFT。对整个产业而言，聚合器还有引导交易的重要作用。通过信息搜索和聚合，买家可以筛选、比较找出最佳的交易价格。对一些中小 NFT 交易市场来说，这就是非常重要的流量来源。这类平台也丰富了整个交易市场的竞争格局，让用户能有更多的选择。

下面我们来看几个最重要的 NFT 聚合器项目。

（一）GEM

目前 GEM 直接集合了多个平台（包括 OpenSea、Rarible、LooksRare、X2Y2、NFTX 和 NFT20）上的 NFT 挂单，其最终目标是整合所有 NFT 平台的挂单，使用户不需要在平台间反复切换来比较价格。GEM 作为 NFT 聚合器的作用也是显而易见的。

信息聚合：用户可以在一个平台上查看、交易和购买 NFT。

GEM 会提供平台上 NFT 的数据分析，用户可以直接在 GEM 平台上查看关键数据（销售额、地板价、买卖活动、持有分布等）。

交易效率：GEM 具备购物车的功能，让购买 NFT 的用户体验变得更接近传统电商网购，让用户可以一次性购买多个 NFT，更重要的是批量购买 NFT 最高可省 40% 的手续费。

支付方式：GEM 接受所有的 ERC-20 代币作为支付币，用户可以一次性支付多种货币，极大增加了支付灵活性。

正因为 GEM 这样的重要作用和对用户流量的战略意义，2022 年 4 月 26 日，OpenSea 宣布收购 GEM。OpenSea 对外宣称收购的目的是改善其核心用户的体验，但对 OpenSea 用户流量的战略防御一定也是这次收购的重要原因之一。

（二）Genie

Genie 是一个新兴的 NFT 聚合交易平台。在创始人斯考特·格雷（Scott Gray）的领导下，该项目于 2021 年 8 月开始封闭测试其 NFT 市场聚合器 Genie Swap，并于 11 月正式对外推出，主打的特色是 NFT 批量购买和出售功能，可让用户在单次交易中从多个市场购买多个 NFT，并通过聚合交易降低交易成本。当前 Genie 支持的交易市场平台包括 OpenSea、NFTX、NFT20、LooksRare、X2Y2，并且不收取任何平台费用。

2022 年 6 月，去中心化交易所中的龙头项目 Uniswap 宣布收购 Genie。未来去中心化交易所如何能够整合 Genie 而实现 NFT 的流动性提升，让我们拭目以待。

三、NFT 借贷

2020 年是 DeFi 之年，2021 年是 NFT 元年，而 2022 年市场开始把注意力放在 DeFi + NFT 上。截至 2021 年末，整个 NFT 市场的总市值达到了 169 亿美元，如果这些资产中的一部分能通过抵押方式获得市场资金的增量供给，就又能给整个市场带来巨大的资金，推动市场的繁荣。这里就引出另一个重要的板块——NFT 借贷。

（一）为什么需要 NFT 借贷

1.提高流动性

由于 NFT 本身具有唯一性，所以在交易过程中，每一件 NFT 都可被视为一个非标准化的资产。可想而知，这样会让交易过程较其他 ERC-20 的资产交易更复杂。尤其是一些 NFT 本身具有艺术收藏属性，这和传统艺术品市场是一样的，因为投资者考虑的因素甚至会因人而异，因物而异。

由于 NFT 发行的门槛很低，所以造成项目数量繁多但质量良莠不齐。在热门项目之外，其实有一个巨大的非热门项目的长尾市场，由于交易不活跃而造成有价无市。投资者如果投入了很多的资金，但是由于流动性原因不能及时获得资金的回笼，这也会让很多投资人对投资 NFT 的比重有所顾忌。

2.提高资金使用效率

如今 NFT 正在蓬勃发展，许多 NFT 平台的销售额频频创下纪录。但由于这个市场是一个高波动的市场，前期很多投资人可能是在价格高位入场，所以不管是出于收藏的个人喜好，还是由于不愿意接受"割肉"离场，很多投资人的资金确实会被套住。由于 NFT 本身作为一种数字资产，对在价格涨跌之外产生收益的应用开发还处于早期，所以 NFT 本身作为抵押物来获得短期的资金流动是很现实的需要。

3. 寻找市场公允的 NFT 估值

如何给 NFT 一个合理的估价，这是一个热门但还没有形成准确答案的问题。NFT 抵押贷款市场或将成为确定 NFT 公允价值有效的方法之一。用户可以在市场上发布想要用作抵押品的 NFT，其他用户可以竞标，提供意向价格。提供这个抵押贷款的出借人，往往也是基于对所抵押的 NFT 未来价格的预期。如果市场的 NFT 抵押交易足够活跃，也能反向推导出一个 NFT 或者一个类别的 NFT 被市场更认可的估值水平。

（二）NFT 借贷的主流模式

1. 点对点模式（P2P）

点对点模式顾名思义就是用户和用户之间的直接交易，这个模式的交易好处在于可以接受更多的 NFT 作为抵押资产，能更好地反映不同 NFT 的稀缺度价值。但由于是点对点交易一种非标准化资产，交易细节需要双方协商来确定，交易效率相对比较低。下面通过 NFTfi 项目来了解一下 NFT 点对点是如何运作的。

NFTfi 由斯蒂芬·杨（Stephen Young）创立，并于 2020 年中推出，是一个点对点 NFT 抵押贷款市场，允许 NFT 资产持有者将其 NFT 作抵押，并借入其他加密资产。同时，资金出借人可以以

NFT 为抵押物保障来出借资金获得利息收益。

具体来说，借款人可以将任何 ERC-721 的 NFT 资产抵押在 NFTfi 的平台上，并提出具体的借款需求，比如金额、期限等；也可以是完全空白，而将这个交易的条件交由资金出借方来做开放式的提议。对资金出借人而言，他们可以选择为平台上的任何 NFT 资产提供贷款，自行设置贷款金额、贷款期限以及希望在到期后借款人归还的总金额等交易条件。若借款人接受此笔贷款，则将收到资金出借人的 ETH 和 DAI。与此同时，该 NFT 作为抵押资产被锁定至 NFTfi 智能合约中，直至借款人还清贷款。若借款人违约未还清贷款，该 NFT 的所有权将作为处置资产给到资金的出借人。

所以在实际操作中，NFTfi 平台的部分资金出借人也把放款本身作为一个有可能实现低价购买喜欢的 NFT 的投资策略。常见的操作是放低出借的利率来吸引借款人接受贷款，然后期待未来借款人违约来获得其抵押的 NFT。

这对资金的出借方并非没有风险，由于 NFT 资产的价格本身就具有高波动性，如果遭遇借款人抵押的 NFT 资产价格大幅缩水，低于出借金额，则在借款人违约后，即使出借人获得其抵押的 NFT，也已经蒙受了事实上的账面损失。

其他采用 P2P 模式的 NFT 借贷项目还有：

➢ AbraNFT：一个由 Abracadabra Money 建立的 NFT 借贷项目。

➢ Arcade：一个建立在 Pawn Protocol 之上的 NFT 借贷项目，一个 NFT 基础设施系统。

2.点对池模式（Peers to Pool）

点对池模式是指，不管是有借款需求还是资金出借需求的用户，他们都是通过平台设立的资金池来交易。这个模式的好处是交易效率高，借款人可以在抵押 NFT 后即时获得所需要的资金，不足之处在于只能以少量的头部 NFT 作为抵押资产，而且作为抵押的 NFT 通常按照同类别的地板价（Floor Price）作估值参考，对稀缺度价值比较高的 NFT 不够友好。我们同样通过一个项目——BendDAO 来具体阐述 NFT 点对池模式是如何运作的。

BendDAO 是一种以点对池模式的抵押 NFT 获得流动性的协议。通过 BendDAO，资金出借人可以向平台资金池提供 ETH 流动性以赚取利息，而借款人可以将 NFT 作为抵押品即时在平台资金池借出 ETH（图 4-9）。BendDAO 协议和 DeFi 领域诸多协议一样，对于借款和出借的双方都以平台本身的代币通证补贴来激励用户的参与。所以较之于前面的 NFTfi，BendDAO 是 NFT + DeFi 思维结合更紧密的一种应用。

图 4-9　BendDAO 的借贷抵押业务

资料来源：律动 BlockBeats，https://zhuanlan.zhihu.com/p/507376830。

由于有了代币通证，BendDAO 也采用了传统 DeFi 平台常用的流动性挖矿的方式来激励用户参与。除此之外，代币通证持有人还拥有参与平台治理的权利，而这个权利最实际的应用就是可以通过投票来提议或者批准接受什么品类的 NFT 作为抵押物。为了创造即时的流动性，平台的资金池只接受一些头部的 NFT 作为抵押物，包括 CryptoPunks、BAYC 等大约 9 个种类。每增加新的种类都需要投票来决定。

值得我们关注的是 BendDAO 所采用的清算模式。NFTfi 的违约处置模式是最基础的形式，就是违约方的抵押物直接划归给资金出借人。而 BendDAO 采用一种叫作健康因子（Health Factor）的参数，这个是传统金融借贷领域较为常见的模型。

健康因子 =（地板价 × 清算阈值）/ 包含利息的债务

当健康因子 < 1 的时候，借款人有 48 小时的时间来还款补救，如果届时还没有还清借款，则平台将启动拍卖流程来处置所抵押的NFT（图 4-10）。

最后一点值得称赞的是 NFT 在抵押过程中的数据资产所有权。当借款人向 BendDAO 抵押 NFT 时，NFT 会被存入 BendDAO 的平台并转化为 boundNFT 以作为抵押的凭证。boundNFT 可以保证用户拥有与原始 NFT 相同的元数据和 token ID，这可以保证用户仍可以在社交媒体上使用原 NFT 提供的元数据来呈现自己的 PFP，同时可以避免黑客攻击导致自己钱包中的 NFT 被转移。BendDAO 支持 Flash Claim 技术，即在抵押借贷状态下可领取任何潜在空投，且同时获得代币奖励。

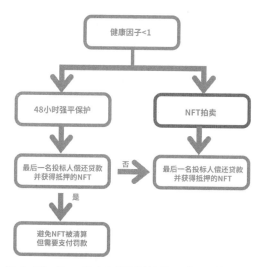

图 4-10　BendDAO 采用的清算、赎回、拍卖流程

资料来源：律动 BlockBeats，https://zhuanlan.zhihu.com/p/507376830。

3. 中心化抵押借贷

点对点模式和点对池模式都是基于区块链去中心化的协议，对传统机构而言，中心化的借贷也许是更熟悉甚至更高效的一种模式，就像我们平时在银行办理的抵押贷款。

但中心化机构由于要采用风控的模式，多数需要借鉴传统金融市场的模型，在面对高波动的资产，以及估值机制尚未健全的情况下，目前进入这个领域提供服务的机构还不多。

Nexo 成立于 2018 年，是专门从事数字资产借贷业务的机构。根据其官网的介绍，该机构目前拥有超过 400 万的用户。Nexo 作为一家企业推出了 NFT 的借贷服务，但目前只支持 BAYC 和 CryproPunks 两种 NFT 资产，而他们的抵押借贷率大概维持在 10%—20%。

NFT 借贷是 NFT 金融化发展中最重要的一种形式，伴随着 NFT 市场的火热，以及 DeFi 市场的成熟模式逐步被印证，NFT 金融化的形式也越来越丰富。除了借贷之外，流动性池、金融衍生品、碎片化、众筹、先买后付等形式都大量涌现。从 2022 年上半年 NFT 赛道的投融资案例中也可以略见端倪。有兴趣的读者也可以继续深入做一些研究，发掘赛道中的爆发机会。

第四节
NFT 的应用场景

上一节我们已经介绍了 NFT 的交易平台，NFT 交易平台是整个行业信息和资源的一个重要汇集点，最终 NFT 作为一种数字资产需要在交易平台上完成价值实现和价值转移。而一种 NFT 资产的价值和 NFT 本身的应用往往也有正相关性。我们在厘清 NFT 应用场景类别的时候，交易平台上的资产分类其实已经给了我们很好的答案。

我们再来回顾一下前文提到的 OpenSea 中对 NFT 的九大分类：艺术、音乐、域名、照片、虚拟世界、交易卡、收藏品、体育和实用程序。以下我们将具有共同属性的类别进行合并，展开介绍几个最重要的应用场景。

一、艺术品 NFT

NFT 具有唯一性，每一枚 NFT 都可以代表某一具体资产的所有权，是独一无二的。资产所有权通过区块链网络进行验证和追踪，用户可以验证每枚 NFT 的真实性，并追踪溯源。因此，NFT 可以被视为"由原创者发行的防伪证书"。以数码格式呈现的作品，不管是文字、图片还是音视频，都避免不了被轻易地复制。借用 NFT 的生成，至少在作为数字资产交易的时候，可以起到验真防伪的作用。

在解决了验真和版权保护的问题之后，NFT 还可以以更包容的方式让更多艺术原创作者向市场展示自己的作品。我们以艺术品市场里最普遍的画作艺术品为例，传统画作艺术品市场的交易和流通效率都是比较低的。究其原因，除了作品本身物理流通的困难外，还与中介市场不透明和开放性不强相关。画作要成功售卖出一个好的价格，可能需要和画廊、拍卖行、策展人、展览馆等多方中介合作，但这个是有很高门槛的圈层，并不是每个艺术家都能无门槛进入。反观前面介绍的 NFT 交易平台，虽然有的还是采用邀请制，但至少很多大平台都是接近于无门槛地开放给所有的创作者，每一个 NFT 作品都有机会向所有的潜在收藏家展示。所以，作品的 NFT 化和 NFT 交易平台的出现给了所有艺术家更公平的机会和更低的成本去向市场做推介。

另外，转售的版税收入也能更好地激发原创作者的创作积极性。原创作者在很多 NFT 交易平台上销售作品的时候，可以自行设置版税。比如 OpenSea 就支持自行设置版税，但最高不能超过交易价格的 10%。这意味着不管作品交易多少次，每次链上资产发生转移，原创作者都将按照智能合约的约定自动收到一笔转售的版税。这和传统艺术品交易中创作者往往只有一次性交易收入的模式不同。在传统艺术领域，艺术家们通常无法从二手交易中分一杯羹，这种新的经济模型对原创作者有更大的激励作用。

除了前面我们介绍的比较专注艺术类 NFT 交易的平台 Nifty Gateway、SuperRare、KnownOrgin、Rarible、Foundation、MakersPlace、APENFT 等也值得大家关注。其中，KnownOrgin 在 2022 年被著名的电商平台 eBay 宣布收购，看来国外大厂杀入 NFT 市场的决心也不容小觑。

二、社交身份 NFT

CryptoPunks 是 PFP NFT 项目的先驱代表，由 Larva Labs 的创始人马特·霍尔和约翰·瓦特肯森于 2017 年开始创作。他们通过算法生成了 10 000 张 Punk 的肖像，尺寸为 24×24 像素的超小尺寸，拥有外星人和僵尸外貌的 Punk 属于稀有品种。最初的 Punk 肖像图片是免费赠送的，任何拥有以太坊钱包的人都可以发起申请。

到了 2021 年第二季度，BAYC 以及 Larva Labs 的另外一个 PFP NFT 项目 Meebits 在市场上走红。当 NBA 球星库里等一众明星争相购买，并且在他们的社交媒体上将其作为头像展示时，PFP 正式开始成为 NFT 的一种重要类别。根据 NFTGO 等多个 NFT 数据平台显示，自 2021 年中到现在，PFP 还是所有 NFT 类别中市值最高的品类，也是最为成功的 NFT 品类。

PFP 之所以成为一个社交品类，而不是划归艺术或者收藏品类，是因为其图片的设计本身可以很好地适用于社交媒体的头像展示，尤其是在 BAYC 等明星项目走红后，有更多的项目跟风跟进，在设计上有意做了适配。但和传统社交媒体上用户多数选择更符合大众审美的图片来替代自己的形象不同，有很多火爆的 PFP NFT 并不符合大众的审美，有的甚至就是以另类、博眼球而获得了一定的市场热度。显然，PFP NFT 的成功和审美之间并不存在充分必要的因果关系。究其根本，PFP NFT 火热背后最重要的因素是其社交属性。进一步讲，就是 PFP NFT 的所有者通过这个 NFT 向他们的朋友圈展示他的社交身份和圈层地位。一个虚拟形象的 NFT 被赋予了社交资本的价值，再辅以唯一性和稀缺性价值概念的加持，其市场价格往往比一些现实生活中的实物更容易水涨船高。

三、粉丝经济及收藏类 NFT

我们在这里把收藏类 NFT 和前面的艺术品 NFT 做了一个区分，主要是讨论在粉丝经济范围内 NFT 的应用场景。体育和娱乐领域粉丝经济的影响力要远远超过小众的艺术收藏。NBA Top Shot 是目前体育领域最成功的应用代表。

NBA Top Shot 通过将 NBA 比赛中的精彩瞬间做成永久性的数字收藏品卡牌（每一个卡牌都对应链上的一个 NFT），从而使 NBA 爱好者们可以在区块链上购买、销售、交易并收集数字化的赛季标志性时刻。拥有自己喜爱的球星的独一无二且不可复制的高光时刻正是这款游戏最大的卖点。在每一个 NFT 上，用户都可以看到对应比赛的详细信息、球员的得分和他们的赛季平均水平，类似于传统的球星卡收藏家在卡片背面看到的内容。而这些 NFT 可以在 NBA Top Shot 的二级市场上收集或出售，相较于传统球星卡的交易效率更高，买家和卖家的匹配更精准。

NFT 市场分析网站 DappRadar 数据显示，截至 2022 年 5 月，NBA Top Shot 平台已累计交易了超过 50 万个 NFT 产品，交易额近 10 亿美元。

四、游戏及道具 NFT

NFT 最早的落地场景就是游戏，2017 年的 CryptoKitties 开创了 ERC-721 协议应用的先河。之后区块链游戏有了长足的发展，不仅改进了游戏的体验，还融合了新经济模型来吸引和激励玩家。

2021 年最火爆的区块链游戏叫 Axie Infinity，游戏中的精灵叫 "Axie"，每个 Axie 都是独一无二的 NFT，而且可以通过区块链进行验证。在游戏中，用户可以用自己的 Axie 进行战斗或交易 Axie，与此同时，用户也可以繁殖（breed）新的 Axie，以此来建立自己的王国。

Axie Infinity 的成功引爆了游戏金融／链游（GameFi）的概念，使其成为 NFT 和加密市场中不容忽视的一个重要赛道。我们将在第五章中展开介绍 GameFi。

五、资产及权益凭证 NFT

前文提到了一种现实世界资产和虚拟世界链接的"数字孪生"概念，而 NFT 正是这种场景的应用体现。

我们在现实世界中熟悉的股票、房产证、门票、学历证书等权益证明都可以通过区块链技术来获得数字化的呈现。我们还可以延展一下资产及权益凭证 NFT 的内涵，不仅是现实世界中的资产及权益凭证，虚拟世界中的资产，比如元宇宙中的数字资产，同样可以用 NFT 来实现确权。2021 年火爆市场的元宇宙空间 SandBox、Decentraland 中的土地就是虚拟资产的典型代表，事实上每一块可以交易的虚拟土地都是一个 NFT。

此外，我们还可以将实物类的权益凭证延展到服务类的权益凭证，比如可以通过持有某一个 NFT 来获得会员资格以及会员专属的权益。最著名的将会员资格 NFT 化的社交俱乐部应该是 Friends with Benefits（FWB），它将自己描述为"一群专注于 Web3.0 的思想家、建设者、创造者和志同道合的人"。

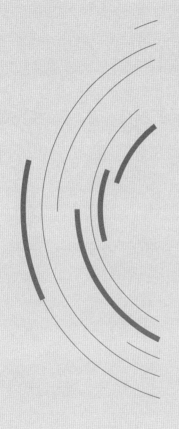

第五章

Web3.0 的核心应用
——链游

链游，顾名思义就是搭建于区块链底层上的游戏应用，最早可追溯到 2013 年，当时有人提出把区块链和游戏进行结合，并进行了一些尝试，但该赛道一直未能得到足够的关注。直到 2017 年，一款名为 CryptoKitties 的养成系链游横空出世，就此拉开了链游高速发展的时代序幕。

　　本章，我们将全面回顾游戏产业的发展历史，并深入探讨链游的发展和未来。

第一节
游戏的发展历史及商业模式的转变

一、游戏机时代（Console Game）：Pay to Play 模式

　　说到电子游戏机的鼻祖，大家往往想到的是雅达利（Atari），

虽然在 20 世纪五六十年代已经有了一些电子游戏的试验雏形，但雅达利还是被公认为现代电子游戏产业的开创者。日后成为传奇的苹果创始人乔布斯也曾于 1974 年加入雅达利，参与开发《打砖块》（*Breakout*）游戏。

同一时期，日本任天堂（Nintendo）第三代家族传人山内溥正在寻求业务转型的机会，彼时任天堂还是一家从事"花札"纸牌生产制造业务的家族企业，游戏机在美国的火热吸引了山内溥的注意，他开始大胆尝试。1977 年，任天堂发售了与三菱电器合作开发的第一款彩色电视游戏机 Color TV Game 6，80 年代初又发行了几款热门游戏，其中就包括直至现在还被玩家视为经典的《超级马里奥兄弟》等。1983 年，任天堂推出红白机（图 5-1）。到 1989 年，任天堂的红白机已占领美国 90% 和日本 95% 的市场，全球销量达到 6 700 万台。

接下来的游戏发展史现在的玩家就比较熟悉了。1993 年，索尼发布了 Play Station 1（PS1）（图 5-2），主机于 1994 年底发售，是世界上第一部在全球范围内售出 1 亿台的主机。2001 年 11 月 15 日，微软的 Xbox 一代（图 5-3）在美国正式发售，首发获得了成功，重新燃起了美国游戏开发者的热情。自此，欧美游戏厂商开始重新崛起，掀起了又一波热潮。索尼的 Play Station、微软的 Xbox 到现在还是玩家拥趸的所爱。

图 5-1　任天堂经典红白机

图 5-2　索尼 Play Station 1

图 5-3　微软 Xbox 一代

　　值得注意的是，这些年来商业模式已经发生了巨大的变化。对上述电子游戏巨头而言，他们除了硬件游戏机需要玩家付费之外，更多的利润是来自游戏的发行收入。玩家需要前置性付费购买，然后才可以无限次畅玩。这种游戏的发行方式类似于好莱坞电影的推广和发行方式：玩家先消费，后享受，我们将此概括为 Pay to Play 模式。

二、网络游戏时代（Online Game）: Free to Play & Pay to Win 模式

20 世纪 90 年代末，随着电脑性能的提升以及网络基础建设的普及升级，网络游戏逐渐成为电子游戏的新主流。游戏的内容和种类也从早期简单的棋牌类、策略类单机网络游戏（PVE），向大型多人在线角色扮演游戏（MMORPG）等追求玩家和玩家对战（PVP）的大型网络游戏发展。

这一时期，网络游戏大厂开始陆续成立，纷纷推出自有产品，积累第一批忠实用户，比如网易的《大话西游 ONLINE》、腾讯的《凯旋》、金山的《剑侠情缘 ONLINE》、盛大的《传奇世界》、完美世界的《完美世界》、巨人网络的《征途》等。

收费的模式也从早期的点卡收费逐渐转化为"游戏免费 + 增值服务收费"的后端营利模式。用户免费体验游戏（Free to Play），并被吸引到游戏中进行消费，以实现技能升级、装扮角色、购买武器、增强动画效果等。玩家为了能够获得更好的体验或者向他人炫耀，愿意花更多的钱给自己的游戏人物升级或者装扮（Pay to Win）。

对于游戏开发商来说，这是一种更有利可图的模式，因为它能够让用户沉浸其中，并不断升级，与好友展开竞争。这种模式在游

戏竞技娱乐中还带入了社交属性，从而使玩家产生了更多元化的消费需求。2011 年开始的从端游到手游的移动互联网转移，让玩家的可进入性，以及游戏的社交属性得到了进一步的强化，也带来了整个网络游戏产业的蓬勃发展。这些属性在链游时代也会被借用，比如今天我们在链游代表 *Roblox*、*Fortnite* 和其他热门游戏中也看到了这一点。

三、链游时代（GameFi）：Play to Earn 模式

网游一直是非常热门的产业，为了得到一个游戏的高级别道具或者稀有皮肤，玩家之间进行高价交易的案例也是屡见不鲜。在一个游戏里，每个玩家都争相拥有极为稀有、难以获得的游戏道具，但是如果遭遇封号或游戏发行商倒闭，那么游戏玩家花费无数时间收集的游戏物品或者高价购得的游戏道具将会如何处置？

传统网游的发行商通常是中心化实体，他们完全掌控了游戏的发行权、所有权以及游戏道具的属性，这些属性往往决定了游戏人物的价值以及游戏结果。传统游戏不鼓励甚至不允许将游戏道具进行转让。中心化游戏的开发者希望游戏道具资产的交易都控制在发行商手里，他们事实上拥有这些数字资产的控制权且享有最大的利益。这也是 Free to Play 之后增值收费的商业模式决定的。

NFT 的出现及其在 CryptoKitties 上的应用实践给链游中的道具资产进行了新的赋能，使链游真正区别于传统的网游，这个具有划时代意义的产业的核心就是玩家可以控制自己在游戏中的数字资

产，不再受制于游戏发行商的中心化后台。

基于区块链技术的 NFT 能够记录玩家在游戏内的状态和成就，保存游戏中获得的物品清单，如武器、能量、车辆、角色等。NFT 能够确保记录不可篡改，保证游戏物品的所有权验证和真实性。目前，有些链游平台或者链游开发者也在尝试将游戏道具设计为跨游戏使用，或使其具有更多适用场景和更高兑换价值。NFT 的互操作性特征可以为这个问题提供解决方案，允许游戏内资产转移到其他游戏中去。

GameFi 概念最早由 MixMarvel 首席战略官玛莉（Mary Ma）在 2019 年下半年乌镇峰会的演讲中提出，即游戏化金融和全新游戏化商业。然而，GameFi 真正进入加密市场参与者的视野，得益于 Yearn Finance 的创始人 Andre Cronje（AC）在 2020 年 9 月提出他对 GameFi 概念的理解。彼时正值 DeFi 之夏席卷而来，在 AC 眼里，DeFi 行业正处于"TradeFi"（交易金融）阶段，未来可能进入"GameFi"（游戏金融）阶段。

2021 年，一款叫作 Axie Infinity 的链游爆火，玩家可以通过购买获得 Axie NFT 游戏道具和 AXS 原生代币通证来参与游戏。同时，玩家可以通过在游戏中竞技来赚取 SLP 代币通证，赚取的代币通证可以交换成其他加密资产。Axie Infinity 开创了边玩边赚（Play to Earn）模式，它改变了传统游戏中玩家仅仅是消费者的情况。在这种模式下，链游玩家不光可以玩游戏，还可以通过参与游戏实实在在地取得收益，不受游戏平台方的约束，而这一切完全由市场而不是中心化的游戏公司决定。

第二节
复盘热门链游项目之 Axie Infinity——
Play to Earn 模式的成功开创者

Axie Infinity 的核心团队来自越南的 Sky Mavis，该团队在电子商务、游戏领域都有多年的创业经验。Trung Thanh Nguyen 是 Sky Mavis 的首席执行官，19 岁就共同创立了电子商务初创公司 Lozi.vn，至今仍在运营，Trung 还曾代表越南参加过美国计算机协会（ACM）主办的国际大学生程序设计竞赛（ICPC）的世界总决赛。

Axie Infinity 游戏（图 5-4）的雏形在 2018 初就已经形成了，直到 2020 年 10 月登陆中心化交易所币安 Launchpad，才大规模地推向市场。2021 年初，Axie 将底层的公有链迁至专为游戏打造的侧链 Ronin 后，开创了 Play to Earn 模式而收获了大量的玩家，一跃成为 2021 年区块链行业的明星。Axie Infinity 在 2021 年 1 月的收入仅为 10 万美元，4 月收入 67 万美元，5 月猛增到 300 万美元，6 月收入 1 200 万美元，7 月收入 2 亿美元，8 月收入 3.6 亿美元，达到巅峰，月收入规模甚至超过了腾讯的王牌游戏《王者荣耀》。

2021 年 10 月 5 日，Sky Mavis 宣布获得了 A16z、Paradigm、FTX 等多家风投机构的 1.52 亿美元的 B 轮融资，估值达 30 亿美元。

图 5-4　Axie Infinity 游戏海报

资料来源：Axie Infinity 官网。

一、Axie Infinity 怎么玩

Axie Infinity 是一款集对战、卡牌、售卖、土地租赁等玩法为一体的回合制策略类区块链游戏，玩家可以在这款游戏里使用 Axie 的游戏形象进行战斗。该游戏主要包括两种模式——冒险（Adventure）和竞技（Arena），分表代表着 PVE（人机对战）和PVP（玩家对战）两种模式，玩家通过竞技可以获得奖励。此外，两个 Axie 还可以进行繁殖，孵化出新的 Axie，并可以挂到游戏内的交易市场上进行售卖。

二、Axie Infinity 的经济模型

如果要解析 Axie Infinity 的经济模型，我们首先要了解这款游戏中有哪些数字资产，以及玩家是如何通过参与游戏而获得收益的。

首先，游戏中的每一个小精灵 Axie 都是一个 NFT。玩家进入游戏需要拥有 3 个 Axie，Axie 的挑选和购买都要在 http://marketplace.axieinfinity.com 这个网站进行。购买 Axie NFT 就成为驱动整个经济模式的资金源头（后期 Axie Infinity 也有进化和改版，改为 Free to Play 的模式，我们在此举例说明的还是游戏最初采用的 Play to Earn 经济模型，以便更好地了解这种将 Axie Infinity 推上"链游之王"宝座的经典商业模式）。

再来了解游戏中使用的两种代币通证——SLP 和 AXS。

SLP 全称是 Small Love Potion，有些玩家把它叫作"爱情小魔药"，它是 Axie Infinity 的奖励和消耗代币。玩家每天在游戏的冒险模式中最多可以领取 100 个 SLP，另外玩家还可以在对战的过程中赢取更多的 SLP。

AXS 全称是 Axie Infinity Shards，主要是作为 Axie Infinity 的治理通证和某些游戏场景的支付手段。持有者可以通过质押 AXS 的方式来参与平台的治理投票，另外质押 AXS 也能获取每周的奖励，这和 DeFi 市场的质押挖矿玩法是一样的。

当玩家在该游戏中的市场上购买和出售 Axie NFT 时，Axie Infinity 平台将收取 4.25% 的费用；当玩家繁殖 Axie 以创造新的小精灵时，也需要通过 AXS 代币和 SLP 代币向 Axie Infinity 平台支付费用。

玩家与游戏内的数字资产（Axie）和核心代币通证（AXS 和 SLP）在游戏生态内形成了价值消费和价值创造两个互相耦合的经济环路。

如图 5-5 所示，在由逆时针方向的圆圈表示的外部循环中，用户进入游戏首先需要购买 Axie，这为游戏的经济环路带来了最重要的资金流。同时玩家购买的 Axie 是一种 NFT 数字资产，两个 Axie 还可以繁殖出下一代 Axie，相当于产生了新的数字资产，而这个繁殖功能的启用也需要消耗 AXS 代币和 SLP 代币。AXS 代币还能以 DeFi 质押挖矿的方式获得额外的奖励，所以玩家为了得到奖励会对 AXS 产生更大的需求。在这个环路中，我们能看到的是资金的流入，以及为寻求数字资产增长而对代币通证的消耗需求的增加。

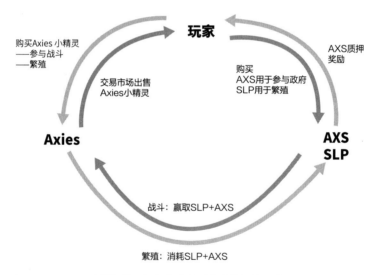

图 5-5　Axie Infinity 游戏的经济环路

顺时针方向的内部循环代表价值产生后的溢价流出。通过前面的资金和通证消耗，玩家事实上可以获得更多的 NFT 资产以及代币通证，玩家可以通过销售 Axie NFT 以及 SLP 和 AXS 的代币通证来产生收入。

在游戏的代币通证经济模型的设计中，AXS 的总发行量被设定为 2.7 亿枚恒定不变，而 AXS 消耗需求量上升，就会导致 AXS 交易价格上涨，同样会使 AXS 持有人的获利增加。这样会刺激更多的玩家进入这个市场，而进入市场的前提是带来新的资金流和更多的代币通证消耗需求，从而进一步刺激代币通证和 NFT 价格的上涨。

三、Axie Infinity 取得成功的其他因素

如果仅仅是前面所介绍的开创性的双通证代币经济模型，也许还不足以让 Axie Infinity 取得那样的成功。那就让我们再深入分析一下还有什么其他的因素。

（一）外部因素

1. 宏观经济环境

2021 年 5 月，一部名为《边玩边赚——菲律宾的 NFT 游戏》的纪录片在 YouTube 上播出并引起了广泛的关注。影片讲述了在疫情肆虐下、失业率高达 25.8% 的菲律宾，有人无意间发现了一款能够"边玩边赚"的区块链游戏 Axie Infinity，并成功收获了第一桶金。消息传出后，整个村庄的人都加入其中，在游戏里赚取维持家庭开支的费用。

在纪录片播出后，这款名为 Axie Infinity 的游戏的热度开始一

飞冲天。而这个听起来有些离奇的故事，在疫情阴影笼罩下的菲律宾，确确实实发生了，边玩边赚的区块链游戏成为许多当地人赖以生存的手段。

菲律宾是 Axie Infinity 的第一大市场，南美洲的委内瑞拉则拥有世界上第二多的 Axie Infinity 玩家。委内瑞拉正处于经济衰退的第 7 年，最低工资约为每月 2.40 美元，通货膨胀率居世界第一，收入甚至要高于疫情蔓延前的水平。此外，Axie Infinity 主要玩家的分布地区除了区块链人口大国美国之外，还有阿根廷和巴西。这些国家的经济环境受疫情恶化影响，都为 Axie Infinity 的成功提供了外部环境条件。据相关报道，Axie Infinity 在菲律宾和委内瑞拉等地带动了超过 15 万人参与就业。

2. 游戏公会 Yield Guild Games（YGG）

越是低收入的国家，通过 Play to Earn 模式在 Axie Infinity 中获得的相对经济价值就越高。根据我们之前介绍的游戏启动模式，玩家需要购买 3 个 Axie NFT 才能开始游戏，但随着游戏内资产的价格水涨船高，投资门槛从一开始的几美元，逐渐抬升到了几百美元，这对这些低收入国家的玩家来说毫无疑问是一个很难负担的入场成本。

2021 年 3 月 4 日，去中心化自治组织 YGG 宣布完成 130 万美元融资，而领投机构正是与 Axie Infinity 有着深度合作的 Delphi Digital。YGG 的主创团队均来自东南亚，在游戏尤其区块链游戏领域有丰富的经验。YGG 作为 Play to Earn 模式主导的游戏公会和投资型 DAO，成为菲律宾当地 Axie Infinity 宣传中最重要的力量之一。

YGG 将"奖学金"（Axie Scholarship）模式在菲律宾进行大规模推广。在这种模式下，玩家无须花费高额入场费用，只需要通过公会提供的账号赚钱再进行分成，就能实现双赢。公会通过账户租赁的形式，将账号暂时借给玩家。每个参与 YGG 奖学金项目的玩家都能获得 YGG 借出的 Axie NFT，并由社区经理进行培训如何通过玩游戏赚取收益。作为回报，YGG 公会将从该玩家未来玩游戏所获收益中拿走 10%，社区经理获得 20%，玩家可以保留 70% 的收益。如此一来，Axie Infinity 在菲律宾的影响力快速扩大，期望通过游戏赚钱的玩家纷纷入场。YGG 在菲律宾获得成功后，又逐渐拓展到了印度、印度尼西亚、巴西等国家。Axie Infinity 能获得今天的成就，以 YGG 为主的公会组织功不可没。

（二）内部因素

Axie Infinity 成功的内因，我们可以归结为生态打造。Sky Mavis 是在构建一个 Axie Infinity 的生态，而不只是在打造一款游戏。参与 Sky Mavis 早期投资的知名机构 Animoca Brands 曾用一段话描述 Axie Infinity："Axie Infinity 不仅仅是一个游戏，也不仅仅是一个社区，它是一个拥有治理体系、庞大人口和活跃经济的原型王国。"

除了游戏玩法、运营机制，以及双代币经济模型的创新之举外，高效且低成本的底层基础设施公有链 Ronin，以及部署在 Ronin 上为 Axie Infinity 内数字资产交易构建的去中心化交易所 Katana，都是整个生态的一部分。

随着玩家的大量涌入，NFT 和代币交易量提升，以太坊的处理速度和交易手续费成本已经极大地限制了 Axie Infinity 的发展，使其很难吸引新玩家并保留现有玩家。如果 Axie Infinity 想要发展壮大，容纳数百万名玩家，那么就必须做出改变。因此，Sky Mavis 搭建了自己的以太坊侧链 Ronin，并于 2021 年 2 月推出了 Ronin 主网，将游戏中的主要链上操作从以太坊转移至侧链上，从而大大减少了游戏交易的额外支出，能即时确认且快速无缝交易，同时也能够将 Axie 中的资产提取回以太坊主网。从数据来看，侧链 Ronin 的推出是 Axie Infinity 迎来指数级发展的关键助力。Axie Infinity 在 2021 年 4 月从以太坊网络迁移至 Ronin 之后，其日活用户（DAU）从 4 月底的 38 000 人猛增至 252 000 人。

为 Axie Infinity 生态搭建的去中心化交易所 Katana 允许 AXS、SLP、USDC、RON 和 WETH 等代币之间进行交易，其中 RON 是 Ronin 区块链的原生货币，可以用于最终为 Ronin 侧链生态系统内发生的所有交易提供消耗。每个 Ronin 钱包每天还可获得 100 笔免费交易以降低玩家的交易成本。除了代币通证交易服务，新的 Katana DEX 还提供流动性池。目前 Katana 上最受欢迎的流动性池是 AXS/WETH。对玩家来说，可以将 SLP 和 AXS 集成到具有流动性挖矿功能的原生 DEX 中，方便代币通证互换，同时还可以赚取收益；而对 Axie Infinity 自身来说，也可以减少对外部交易平台的依赖，以充分利用平台效应带来的数据流量和资源。

（三）强大的叙事

理论上，从外部因素和内部因素出发分析事物已经比较全面了。但还有一个成功的因素，我们觉得应该单独拿出来论述，因为这个因素不仅适用于 Axie Infinity，也普适于很多其他的区块链项目。

整个区块链行业还处于早期发展阶段，尤其需要一个强大的叙事，如同早期互联网在进入大规模产业落地应用之前，也不少见仅靠 PPT 叙事就能赢得资本青睐的现象。一个项目要想成功，哪怕是阶段性的成功，都需要有一个强大的叙事来支撑下一步的发展。这个叙事既可以是对投资者而言的（to VC 模式），也可以借用技术优势来获得更多的产业端支持（to B 模式），还可以选择针对用户（to C 模式），让更多的用户能够接受和采用。

Axie Infinity 的大部分用户来自金融服务并不健全的发展中国家，因而其拥有了新的叙事角度——"将加密货币带向主流和大众，尤其是带入发展中国家"。并且，Play to Earn 机制下的 Axie Infinity 并不仅仅是游戏，它打破了对游戏价值创造的传统认知，从娱乐消遣的玩意儿转化为谋生的手段，以及投资的工具；目标用户也从单纯的游戏玩家扩散到更广泛的大众。同时，Axie Infinity 的出现正好衔接了 DeFi 热度进入高点要转弱而 NFT 接力上升的周期。一个基于全新通证代币模型设计的 NFT 游戏被提升到了与 DeFi 相提并论的热点高度，甚至上升到行业叙事，也是天时的成因。

第三节
复盘热门链游项目之 STEPN——
一双神奇的跑鞋

一、STEPN 是什么

如果说 2021 年的 Axie Infinity 是 Play to Earn 模式打造的王者，那 2022 年的 STEPN（图 5-6）则是 Move to Earn（边运动边赚钱）模式打造的另一个 Web3.0 神话，自此，"X to Earn"成为一种被不断延展和复制的链游模式。

图 5-6　STEPEN 概念海报

资料来源：STEPN 官网。

STEPN 于 2021 年 9 月创立，是基于 Solana 公有链的 NFT 游戏。2022 年 1 月，STEPN 正式上线交易市场和功能服务。同期，STEPN 宣布完成 500 万美元种子轮融资，由红杉资本（印度）与 Folius Ventures 领投。

根据 STEPN 的官方介绍，STEPN 是一款生活方式类 Web3.0 应用，带有社交和游戏元素，给予用户基于运动行为的奖励。其实运动和社交的结合在当下 Web2.0 的应用中也不乏明星项目，比如起步于自行车运动的 STRAVA 是时常被提到的热门应用，这个 2009 年创办于美国洛杉矶的项目因推动了自行车运动文化而大获成功。而同样是在运动社交应用赛道，STEPN 的成功叙事则是以 Web3.0 的方式打开的。

二、STEPN 怎么玩

STEPN 的基本玩法很简单，玩家在游戏应用内装备 NFT 运动鞋参与游戏，通过在现实世界中跑步即可赚取代币收益，所得代币收益可以用来升级、修复运动鞋以提高赚取代币通证的效率，也可以直接卖出获利。

用户参与 STEPN 首先需要配备一双 STEPN 运动鞋，并根据自身的运动习惯来选择跑鞋种类，而不同的运动配速匹配不同的能量和代币通证奖励，以求将适度健身和收益更好地结合起来。

STEPN 运动鞋的种类丰富且属性设计较复杂，主要有 4 种运动类型、4 种属性、5 个品质档次和 30 个等级。

运动鞋的种类：对玩家的运动时速有一定的限制，例如，Walker 的时速限制是 1—6 km/h，如果超过了相应范围，运动就不会产生代币收益。不同类型的鞋子价格也不同，其中 Trainer 价格最高，因为其限速范围最广，为 1—20 km/h。

运动鞋的属性：包括效率值（Efficiency），对应获得双通证代币 GST/GMT 的收益；运气值（Luck）；舒适度（Comfort）；弹性（Resilience），即耐用性。

运动鞋的品质：分为 5 个档次，而档次决定运动鞋属性的上下限。它们分别是普通（Common）、罕见（Uncommon）、稀有（Rare）、史诗（Epic）和传奇（Legendary）。不同品质的鞋子产生的代币通证收益也不同。

运动鞋的等级：鞋的等级越高越好，最高为 30 级，每升一级都会提高每日获取游戏通证的上限。在购买 NFT 运动鞋之后，玩家即可正式参与游戏。

游戏具体有以下几种玩法。

单人模式：玩家打开 App 开始跑步，边跑边赚取代币通证。在同等 NFT 运动鞋的条件下，运动时间越长，所获的代币通证越多。但为了控制每个账号每日的运动收益上限，STEPN 引入了一种"能量消耗"机制，能量和运动时长挂钩，每天有一定限制，一旦能量用完，则不继续产生运动收益。

新鞋铸造：这种玩法就是常见的 NFT 繁殖模式。玩家可以用两双等级达到 5 级的运动鞋来铸造新鞋，每个运动鞋有 7 次铸造新鞋的机会。每次铸造出来的是一个鞋盒，玩家可以直接将其投入

NFT 市场进行出售，也可以自行开启继续升级，铸造新鞋 NFT。

出租运动鞋：如果玩家手中有非常多的运动鞋，其中 10 级以上的鞋可以租出去。出租过程不需要押金，但该 NFT 无法转出账户。最终分账时，STEPN 将收取 8% 的税率，而承租人和出租人的收入分配固定比为 3：7。

玩家通过运动来获得 STEPN 的游戏通证，而游戏通证可以用来制造新的运动鞋。等级越高的运动鞋的产出越高，这就激励大家更多地进行运动。

整个 STEPN 的玩法和代币通证模型的设计逻辑都是为"用户通过购买入门参与、运动累积奖励代币，再通过代币消耗来升级、增加奖励收益效率"的增长模型打造的。相对于 Axie Infinity，STEPN 不仅玩法更加丰富，同时还更贴近于真实的生活，同样俘获了大量的破圈用户，而且用户大多数是来自发达国家。这个也很容易理解，毕竟 STEPN 最初想要捕获的人群是提倡健康生活方式、有着碳中和理想目标的人，这类人群在发达国家的比重会更高一点。

三、STEPN 的经济模型

STEPN 采用了双通证代币的经济模型，分别是游戏通证（GST）和治理通证（GMT）。GST 是无限增发的。用户拥有 NFT运动鞋后，通过走路、跑步的运动方式来赚取 GST，同时在游戏设计中也处处涉及 GST 消耗，例如运动鞋的铸造、修理、升级等。用户可以通过进一步升级、铸造新的 NFT 运动鞋，提高收益。

GMT 的总量是 60 亿枚，运动鞋达到最高等级后用户可以获得，主要用于获得游戏高阶活动的参与特权，参与平台利润分配的投票决策，以及未来有待进一步解锁和开放的新的活动或者功能。

Axie Infinity 采用双通证代币的经济模型后，很多游戏也纷纷借鉴了这一设计思路。STEPN 中的双代币通证模型显然不只是模仿，而是有了针对性的迭代改进，其核心是游戏通证的产生和消耗的平衡机制。如果代币通证的产生长期大于消耗而产生通胀性贬值，将会降低用户的收益预期而导致游戏用户的增长不可持续。在一篇对 STEPN 团队的采访报道中，我们听到了他们对代币通证的改进思路："通过仔细分析 Axie Infinity 原生代币 SLP 的经济模型，我们已经清楚了游戏代币设计的挑战在哪儿——如果游戏代币的供应无上限，那么该如何平衡供需？从凯恩斯到哈耶克，从代币流通到网络效应，我们都有研究。"STEPN 团队表示，"我们发现，游戏代币的统一铸造必须通过游戏代币的统一销毁来管理，以将其转换为不同形式的资产，这种转换可以是自愿的，也可以是强制性的或是结构性的。

STEPN 游戏中对 GST 消耗场景的设计远远多于 Axie Infinity 中 SLP 的消耗场景。比如，有跑鞋修复、升级、宝石与插槽匹配等各种场景来激励玩家消耗代币，而且玩家提升赚取代币能力的成本是逐级增加的，比如跑鞋品质越高则修复成本越高，生产的鞋子越多成本越高等，类似于"富人多交税"。这种多产出多消耗的模式，有利于维持代币产出和消耗的动态平衡，推动游戏持续健康发展。

在游戏运营方面，STEPN 也采取了一定的调控措施。一方面，为了控制代币过快产出，STEPN 采用了限制用户每天的能量额度和赚取代币数量的措施。另一方面，采用非公开的调控措施，例如当 GST 价格上涨过快时，项目方会开展两倍效率、两倍能量以及其他利好活动，通过增加玩家的收入来降低 GST 上涨的预期，以控制 GST 的价格；当用户增长数量相对现有用户基数增长过快时，项目方将重启邀请码制度以控制新用户增长，保证用户增长的平滑来维护稳定的经济增长。

总结一下，STEPN 设置了双代币经济模型：一方面，重点针对 GST 创造了更多样化的场景去实现产出和消耗之间的动态平衡；另一方面，在运营机制上控制 GST、GMT 产出，进一步平缓了价格波动，减少抛压。这都有助于避免游戏在熊市中过早陷入"死亡螺旋"。

四、启动阶段的传播策略

如果说 STEPN 是凭借 Web3.0 生活方式的产品定位、精心设计的代币通证经济模型，以及多样的玩法而成为 2022 年的"链游之王"，则并不全面。STEPN 还有一个亮点值得我们学习，那就是启动阶段的运营策略。

启动阶段成功获得客户对每一个区块链项目来说都是至关重要的，STEPN 的叙事元素中除了运动之外，还有社交，而 STEPN 也很好地把"运动社交"这一互联网时代很成熟的传播模式应用在了项目的启动阶段。虽说 Web3.0 时代正在创造一个又一个的神话，但是 Web2.0 时代的利器我们决不能放下，因为在未来很长一段时期内，能连接 Web2.0 到 Web3.0 的中间件都是非常好的投资赛道。

运动健身打卡是当下社会中非常普遍的现象，STEPN 的运营团队很好地利用了用户的社交习惯。早期用户在激励下，会通过个人的人际关系网进行传播。在社交媒体上不时会看到用户用 STEPN 打卡当日健身，同时在自发组建的社群中加入了买鞋、回本和收益的话题，便很容易吸引更多的运动爱好者。

不知是特意的安排还是巧合，STEPN 启动初期也获得了很多大 V 的站台。和其他区块链项目不同，STEPN 本身的运动属性还吸引到了跨界的声援。2022 年初，阿迪达斯副总裁、Runtastic 首席执行官斯科特·邓拉普（Scott Dunlap）在社交媒体上发文表示："很高兴可以见证 Move to Earn 的起源，我认为在 2022 年，会有更多的人痴迷于 STEPN。"这也让 STEPN 和 Move to Earn 迅速成为热门话题。

STEPN 联合创始人 Yawn Rong 在推特上称，STEPN 的市场设计借鉴了病毒的病理学和传播学特性，思考了病毒如何爆发性增长，以及达到顶点后如何自我抑制。在玩法简单、参与便捷、切入点新颖合理以及空投激励诱人的合力作用下，STEPN 游戏得以有效破圈，有利于其初期的传播。

此外，STEPN 的种子用户裂变也做得非常出色。游戏项目和 NFT 是非常注重社群的，而早期种子用户往往是活跃度和传播力都较高的一些加密圈资深用户。一方面，给予种子用户奖励和内测机会可以提升社区的活跃度，产品的初期传播得以保证；另一方面，也可以通过免费赠送产品获得第一批忠实用户。

STEPN 最初选取了 1 万个种子用户，以答题奖励的方式向种子用户发放了 1 万双 NFT 运动鞋。这 1 万双运动鞋的奖励规模也经过了合理测算，规模太小难以实现项目的传播声量，规模太大会使项目方初期投入成本过高，同时也会加快游戏代币 GST 的产出而过早带来抛售压力。值得一提的是，早期运动鞋数量少时，一旦有投机客扫货，STEPN 就会通过调控库存来平稳鞋的价格，保证新用户入门的成本不会有过大增幅。

第四节
什么是 GameFi 的"死亡螺旋"

目前参与 GameFi 的人大多数不是被游戏吸引，而是被其带来的财富效应吸引。这说明愿意花费初始资金来到链游的人，只是为了在最后能获利。初始玩家获得的财富，是后面"接盘侠"进入游戏时所花费的本金。一旦你成为击鼓传花的最后一棒，后面没有新玩家的外部资金进入，那么你将血本无归。

一个健康和可持续的 GameFi 经济模型首先应该考虑如何吸引外部资金投入。如果外部资金投入的唯一目的是让后来的参与者用更高的价格接盘，那么这个零和游戏必定会因为后期玩家亏钱后没有新资金入局而落到增量资金枯竭的地步，从而让前期参与者的赚钱预期大打折扣，进而造成很多用户希望通过快速抛售变现手里的资产，最终将项目带上快速衰亡之路。

常见的 GameFi 项目受到的最大的挑战是，由于严重依赖代币通证价格驱动项目而在价格高点到来之后迅速下跌，从而导致项目用户的流失，乃至项目的基本消亡。

这个路径通常是这样的：市场行情良好，情绪升温，吸引大量的投机者为了短期获利入场；用户量大增，代币通证价格拉高，回报周期缩短，财富效应扩展而导致投机情绪热化；早期投机者获利抛售或者遭遇系统性市场急速下跌；用户大量抛售导致代币通证价格下跌；恐惧情绪导致更多用户加速卖出；代币通证踩踏性下跌；价格跌破临界线；由于回本周期过长，没有新用户入场，而导致代币通证价格继续下跌至基本丧失流动性；项目衰亡。这就是一个死亡螺旋的基本轨迹。

第五节
GameFi 是庞氏骗局吗

GameFi 是链游增加了代币经济模型，而 Play to Earn 或者 X to Earn 都只是 GameFi 目前最有代表性的经济模式，并不是 GameFi

的全部。作为一个尚处在发展早期的经济业态，GameFi 领域未来还会诞生更多、更有生命力的模式。所以我们首先要说的是，关于 GameFi 是不是庞氏骗局，任何论断都为时尚早。

再进一步说，目前的 Play to Earn 模式是庞氏骗局吗？

虽然目前还有很多围绕这个话题的争论，但笔者个人更倾向于一种观点：目前以 Axie Infinity 为代表的 Play to Earn 模式，具有庞氏经济学（Ponzinomics）的特征，但未必是一个骗局。

什么是庞氏经济学？也许在加密圈文化盛行之前，根本没有庞氏经济学这个学术化的称谓，常见的是 "Ponzi scheme"，中文译为"庞氏骗局"。关于庞氏骗局，我们可以参考维基百科的解释："这是一种欺诈形式，它吸引投资者加入，并用来自新投资者的资金向早期投资者支付利润。它使受害者相信利润来自合法的商业活动（例如，产品销售或成功的投资），而不知道其他投资者才是资金来源。庞氏骗局可以维持一种存在可持续业务的幻觉，只要有新投资者贡献新资金，只要大多数投资者不要求全额偿还，并且仍然相信他们声称拥有的不存在的资产。"

也许是借鉴了加密圈的"代币经济学"，才有了一个受到美化的"庞氏经济学"的新名词。庞氏经济学描述了由类似庞氏骗局所驱动的经济，"用从新投资者那里收集的资金来支付给现有投资者"。但是很重要的一点是，庞氏骗局的核心是以欺诈的形式吸引投资者相信他们投资的业务是可持续的，而事实上业务本身并没有持续运营及获利的可能，完全依靠于新增投资者的资金。

那么，Axie Infinity 的 Play to Earn 模式是否符合上述庞氏骗局的特征呢？

第一，Axie Infinity 是否以欺诈的行为去吸引投资者？

代币通证价格的上涨，让早期投入 Axie NFT 的玩家很快回本获利，有的人可以通过这个游戏来养家糊口，财富效应驱动了很多的入场玩家。但似乎没有太多证据证明 Axie Infinity 有明显欺诈的行为，这也许是去中心化协议的好处，虽然 Axie Infinity 背后有中心化的团队，但机制上还是在 GMT 的治理模式下进行运作。

第二，业务是否可持续？

从目前的情况来看，Axie Infinity 的热度在 2021 年末达到高点后迅速回落，加之外部市场整体低迷，Axie Infinity 没有能够重整雄风。YGG 这类公会组织是 Axie Infinity 初期取得巨大成功的利器，但从长时间运营结果来看，这也是导致它快速衰退的重要因素。这种运营模式初期是快速增加了用户，而后期大量玩家通过竞技所产生的代币通证价格上升，给市场带来了很大的抛售压力，从而进入前面提到的"死亡螺旋"。如果 Axie Infinity 新解锁的玩法没能带动现有用户更活跃，或者吸引到新用户的话，则游戏本身的可持续性增长可能已经受到了挑战。

第三，是否完全依靠新增资金？

从游戏玩家的角度看，Axie Infinity 的可玩性和娱乐性并不太出色。换句话说，如果没有了获利的激励，也许玩家的自然留存率是很低的。新增的玩家大多数不是被它的游戏性吸引，而是被其所带来的财富效应吸引。这说明几乎所有愿意花费初始资金来到 Axie Infinity 的人，单纯只是为了在最后能赚钱。而公会的职业化发展，让生产者的供给和玩家的投资比重严重失衡，在没有新增用户的资金投入后，让游戏陷入低谷。

由上可知，三个核心特征中有两个特征很契合，那么是不是说 Axie Infinity 的 Play to Earn 模式很接近庞氏骗局呢？那为什么我们还说，目前以 Axie Infinity 为代表的 Play to Earn 模式，是具有庞氏经济学的模式，但未必是一个骗局呢？

首先，我们要理解，Play to Earn 不是一个成熟固化的模式，而是一个处在早期阶段、正在不断进化的模式。

Axie Infinity 作为第一个现象级爆火的 Play to Earn 项目，经历了市场的摸索和时间的验证，这个过程中展现了 Play to Earn 模式的可行性、局限性以及长周期运营下会遇到的挑战。这为之后衍生出来的 X to Earn 项目，如 STEPN 等，提供了很好的借鉴以及再创新的机会，所以从 Play to Earn 到 X to Earn 本身就是在进化。比如，我们在 STEPN 项目中就明显能看到主创团队对于游戏代币通证的消耗在玩法上有了更多的设计。

其次，虽然死亡螺旋对目前的游戏项目而言很难避免，但死亡螺旋的发生并不能代表游戏的结论性失败。死亡螺旋并非和现实中的金融欺诈案件一样，以平台的破产跑路以及投资者血本无归而宣告"死亡"。游戏采用了代币通证模型，二级市场的价格波动不可避免地会对游戏玩家的心理和行为产生一定的影响。代币通证价格从上涨到下落，也是一个"泡沫"回归至产品本身的公允价值的过程，而这个过程发生前的周期有长有短，发生时的下降速度有快有慢，发生后回归到的公允价值有高有低。我们看到现在很多游戏项目的开发团队，已经在玩法和通证经济模型设计中考虑到了，如何实现更克制的爆发期、更慢速的退烧期，以及更高的公允价值回归线，来维持游戏的持续性。

再次，非货币性收益的尝试也许是打破死亡螺旋魔咒的一种可能性。STEPN 已经开了一个好头，就是在 Move to Earn 模式开发之初引入了一个非货币性收益产出，那就是健康。这使货币化的投资回报率不再是用户唯一的考量因素，用户自身的健康情况在坚持使用 STEPN 后有所改善也成为一个重要的激励因素。而这种非货币性收益，将使这个 GameFi 生态不再是一个零和游戏，打破纯粹依赖新的投资者贡献资金的单一驱动力。STEPN 也在不断地寻求更多的非货币性收益，尝试将其收益多样化，例如可能会涉及更多的社交玩法，帮助用户建立起一个社交的平台，通过马拉松等团体性活动，让用户对运动本身产生更大的消费性兴趣。这使得人们能结交到更多的朋友和热爱跑步的同好，而不只关注金钱投资回报率。

总结来看，庞氏经济学模式在早期以 Axie Infinity 为代表的 Play to Earn 模式中确实存在，但庞氏骗局绝不应该成为 GameFi 未来的终局。

第六节
GameFi 的未来

据市场调研公司 SuperData 发布的 2020 年游戏业年度报告，受到全球公共卫生事件的影响，数字游戏市场规模在 2020 年达到 1 266 亿美元，增幅为 12%。其中，移动游戏市场规模达到 738 亿美元，PC 数字游戏市场规模达到 331 亿美元，主机数字游戏市场规模达到 197 亿美元。

而移动互联网时代诞生的手游不出意外地占据了免费游戏收入榜前 10 名中的 8 个位置。2020 年度全球免费游戏收入前 10 名依次是：《王者荣耀》（24.5 亿美元）、《和平精英》（23.2 亿美元）、*Roblox*（22.9 亿美元）、*Free Fire*（21.3 亿美元）、*Pokemon Go*（19.2 亿美元）、《英雄联盟》（17.5 亿美元）、《糖果传奇》（16.6 亿美元）、《剑与远征》（14.5 亿美元）、《梦幻花园》（14.3 亿美元）和 *DNF*（14.1 亿美元）。

而 Tokenterminal 数据显示，2021 年协议收入最高的前 5 名去中心化应用分别是 Axie Infinity、OpenSea、dYdX、PancakeSwap、Metamask，其中 Axie Infinity 的协议收入为 12.6 亿美元，已经非常接近于传统网游前 10 名的收入。而链游的赛道还只是在萌芽阶段，其未来不可限量。

链游的这些亮眼成绩，确实也吸引了一部分传统游戏从业者的注意。他们凭借在传统游戏开发中积累的经验，尝试把传统游戏世界中已经验证过的成功游戏进行"链改"，目的是制作类似《魔兽世界》这样资产在链上部署的，有 PVE、PVP 模式的游戏。

Axie Infinity 成功开创的 Play To Earn 模式为人们提供了玩游戏的新理由，提高了玩家和开发商对每个游戏的期望。一方面，人们参与游戏，除了休闲娱乐，还可以将其作为一种从未有过的谋生方式；另一方面，游戏设计的经济性也发生了变化，传统游戏时代的经济性意义大多是对开发者而言的，而在 Play to Earn 模式下，游戏内生价值的货币化可以面向更多的玩家。

《2021 年世界不平等报告》披露，一个成年人的平均年收入为 23 380 美元，但平均数掩盖了国家之间和国家内部的巨大差异。目前，全球最富有的 10% 的人口占据了全球收入的 52%，而最贫穷的 50% 人口只占据了全球收入的 8%。全球收入后 50% 的人每年的平均收入为 3 920 美元，即 75 美元 / 周。对很多人来说，尤其在失业率上升的经济衰退期，玩游戏可能构成一个重要的收入来源，覆盖一个几十亿人口的市场，我们可以想象这个潜在市场有多大的增长空间。

但 GameFi 目前面临的挑战决不小于其面临的机遇。Play to Earn 模式在一定时期内取得了成功，但并没有被证明能长久持续，也正是因为获取经济效益成为大多数人参与区块链游戏的主要原因，甚至是唯一原因。在这种货币化内驱力下，游戏确实扩大了用户群体，但其中增量用户中大多是投机者，并没有真正的消费性玩家。未来 GameFi 的代币通证经济模型需要让认可游戏内生价值的消费性用户变为主流，使内生价值消费者而非投机者获取大部分收益，这才是未来 GameFi 游戏项目真正可持续发展的方向。

STEPN 推导的非货币化收益的尝试，让我们看到了 GameFi 正在向可持续的发展方向迈进。除了运动类游戏主打健康收益概念之外，我们还看到不少其他有积极意义的尝试，比如在提倡"减少碳排放，创造环保世界"的 Sweetgum 项目中，用户可以关联自己使用的电动汽车的行驶里程来计算减少的碳排放。首先，这个活动本身就可以让一部分用户产生社会性满足感，游戏应用的通证代币奖励只是正向强化了这种行为，而不是绝对的驱动力。同时，用户节省下的碳排放量，通过和外部碳交易所合作，可以有机会变现回流到经济系统，整个游戏的经济生态也开始尝试向与外部经济结合的方向努力，相信未来我们还能看到更多的惊喜。

进一步来看，游戏本身需要能够吸引有协同效应的外部资产的投入，游戏生态中的货币性资产增长会让游戏的发展更可持续。将目前主要依赖新用户资金增量的获利模式转变为开拓更多的资金收入来源，将游戏的经济生态从内部自循环变成更开放的与外部结合，将更有利于打破庞氏经济学的魔咒。

传统游戏产业的商业化运营是非常成熟的，有很多可以直接借鉴的方式，包括但不限于 IP 运营、游戏内外广告植入、专业赛事运营等方式。例如，《英雄联盟》和《王者荣耀》等传统 Web2.0 游戏均有属于自己的全球赛事，并打造了电子竞技产业链，也吸引了大量的企业赞助。我们看到耐克和阿迪达斯已经在 NFT 领域有很多创新的尝试，未来进入链游市场也是很自然的事，尤其是链游市场中的 Z 世代年轻消费者本就是这些品牌最重视的目标市场。

所以未来 GameFi 最重要的发展，是回归游戏本质。无论经济模式如何进化，都必须回到以用户为中心的视角来发展，拥有和服务游戏内生价值的真正消费者，这是电子游戏近 50 年历史发展的本质，未来也不会改变。游戏的根本就是能给玩家带来愉快的体验，这才是 GameFi 生态可持续发展的驱动力。

从 Play to Earn 变成 Play and Earn，也许才是 GameFi 最终的出路。

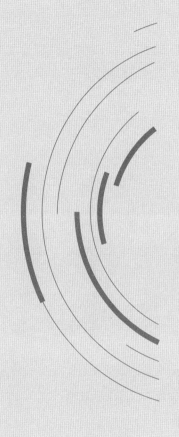

第六章

Web3.0 的核心应用
——数字藏品

第一节
什么是数字藏品

　　数字藏品是指使用区块链技术，对应特定的作品、艺术品或者商品生成的唯一数字凭证。在保护藏品数字版权的基础上，可以实现真实可信的数字化发行、购买、收藏和使用。每个数字藏品都映射着特定区块链上的唯一序列号，不可篡改、不可分割，也不能互相替代。

　　单从定义上来看，NFT 和数字藏品两者都是基于区块链技术形成的独一无二的数字凭证。那 NFT 和数字藏品到底有什么不同呢？

　　第一，底层区块链不同。NFT 是基于公有链发行的，最常见的就是在以太坊上发行，此外还有 Polygon、Solana 和 BSC 等一些新兴的公有链。而国内的数字藏品大多数是基于联盟链发行的，目前比较主流的有蚂蚁链、腾讯至信链、百度超级链、BSN 联盟链等。

　　第二，内容审核机制不同。公有链的特征是对所有人开放，任何人都可以参与读取数据、发送交易等。由于公有链本身是去中心化且不受审核的开放式网络，所以 NFT 本身也具备无须内容审核即可发行的属性。而国内的联盟链还是在中心化管理的范围内，联盟链的运营主体需要根据我国的管理规定运营，所以国内规范的数字藏品必须经过内容审核才能上链进行发布。

表 6-1 为部分数字藏品发行平台以及它们所基于的底层区块链信息。

表 6-1　部分数字藏品发行平台及其底层区块链

发行平台	底层区块链
鲸探	蚂蚁链
幻核	腾讯至信链
网易星球	网易区块链
阅文集团数字藏品	腾讯至信链
灵稀	京东智臻链
优版权	天河链
数藏中国	BSN 联盟链
小红书数字藏品	腾讯至信链
千寻数藏	BSN 联盟链
百度数字藏品	百度超级链
非遗数字藏品	树图链

资料来源：根据市场公开信息整理。

第三，交易机制不同。NFT 在初始的铸造、发行后，可以即时在各个交易市场中挂牌和自由流通，比如在目前交易最活跃的 OpenSea 市场中，任何 NFT 的持有人都可以按照自己想要的价格和条件挂单，等待有意向的买家。一些稀有度高的 NFT 价格往往会被"炒"得很高，可能是最初发行价的几百倍、上千倍，具有很强的投资属性，甚至可以说是"投机"属性。而我国的数字藏品更强调以特定作品、艺术品和商品的实际价值作支撑，是一种数字文化产品，不具备支付功能等任何货币属性。我国对于数字藏品发行后二次流通的二级市场有严格的规定限制，因为二级市场有将数字藏品金融化的功能，这和我们国家目前的政策精神不相符。所以国内很多数字藏品平台也推出了很多适应性的政策，比如蚂蚁集团的鲸探数藏平台不支持数字藏品的二级市场交易，仅允许藏家将藏品无偿转赠给他人，但前提也是要满足一定的条件，比如用户购买拥有数字藏品达到 180 天后，才可以向支付宝好友发起转赠；受赠方应该符合数字藏品的购买条件（年满 14 周岁的中国大陆居民），通过支付宝实名认证并完成风控核身流程；为防止炒作，受赠方接收数字藏品满 2 年后，才可以再次发起转赠。

第二节
数字藏品的发展和格局

伴随着 2021 年海外 NFT 市场风起云涌，国内数字藏品也同样风生水起。2021 年 5 月 20 日，淘宝旗下阿里拍卖"聚好玩"推出 NFT 数字艺术公益拍卖专场。2021 年 6 月 23 日，支付宝联合敦煌美术研究所，基于蚂蚁链发布了国内首套 NFT 交易皮肤——

"敦煌飞天"和"九色鹿"，全球限量发行 16 000 张，两款皮肤发行当天即被瞬间抢光，热度空前。随后，腾讯在 2021 年 8 月 2 日上线了国内首个 NFT 交易 App"幻核"，并发布 300 枚有声《十三邀》NFT。一时间大厂纷纷入场布局 NFT 赛道，而为了规避和区别于海外 NFT 市场中某些加密货币关联的敏感性，2021 年 10 月，腾讯幻核 App 与支付宝小程序"蚂蚁链粉丝粒"内页中，"NFT"字样被改为"数字藏品"，由此数字藏品正式成为中国市场特色的 NFT 形式。

《2021 年中国数字藏品（NFT）市场分析总结》中的数据显示，2021 年国内数字藏品发行平台仅 38 家。而到了 2022 年 6 月，根据不完全统计，各类数字藏品的发行平台竟然暴涨超过 600 家，一时间"万物皆数藏"。

在积极的市场行情下，2022 年开始的数字藏品热潮引得众多企业与机构躬身入局。一方面，从产业链来看，随着底层技术的成熟，以及交易平台的模块化程度提高，平台搭建成为一种流水线式的工业化生产。另一方面，数字藏品作为数字文创新消费的概念也得到了各类资本的追捧，芒果 TV、B 站、视觉中国等强 IP 企业也都纷纷布局其中，一时间我国有超过 20 家上市公司进军数字藏品领域，还有超过 10 家 A 股上市公司推出数字藏品平台。甚至人民网、新华社、中国青年报社等众多官方媒体机构都不甘人后，纷纷推出各自的数字藏品平台，拥有 IP 内容的版权方逐渐开始延伸触角，构建专有平台。

在市场爆火的背后，是各种风险暗藏和乱象涌动。数字藏品价格暴涨暴跌，交易环节乱象不断，诈骗、非法集资等风险持续增加；从运营角度看，众多平台资质不明，IP 授权的真实性难以判别，甚至还有无法保证数字藏品链上确权的风险。

在此背景下，监管部门迅速做出了反应。2022 年 4 月 13 日，中国证券业协会、中国互联网金融协会、中国银行业协会三大协会联合发布关于"坚决遏制 NFT 金融化证券化倾向"的倡议。行业自律也随之跟进，6 月 30 日，在中国文化产业协会牵头下，百度、腾讯、蚂蚁、京东等近 30 家机构联合在京发起《数字藏品行业自律发展倡议》，明确要求反对数字藏品二次交易和炒作，提高准入标准。

于是，一路高歌猛进的数字藏品市场在 2022 年 6 月迎来流量增长拐点。虽然平台数量还在不断激增，市场上藏品总数也不断增加，但用户增速明显呈现下降趋势，从之前的新品发行秒售罄，到越来越多的滞销，市场逐渐从卖方市场转为买方市场，数字藏品陷入存量竞争。

2022 年 8 月 16 日，腾讯旗下数藏发行平台幻核发布全面清退公告，宣布正式停止数字藏品发行业务。市场的头部玩家突然宣布退赛，也宣告了数字藏品市场正式迈入寒冬期。这背后除了有个别企业业务战略调整的原因，监管动向和市场需求场景的真实性也是重要的影响因素。

到 2022 年第四季度，合规化与标准化成为数字藏品领域的关键词。继《数字藏品合规评价准则》与《数字藏品通用标准 1.0》之后，又有《发行 NFT 数字藏品合规操作指引》，一连几部标准和准则出台，为整个数藏发行领域的规范指引提供了可执行的框架。

在监管收紧的趋势下，众多文化产权交易所也成为数字藏品合规探索的途径，海南文交所、杭州文交所、甘肃文交中心、山东文交所等都已经逐步试水数字藏品在文创领域的发展。而同期野蛮生长的一些中小平台开始大幅离场，有超过 30 家中小型数字藏品平台陆续发布清退、清算公告，数藏平台之间的合并也开始兴起。

目前数字藏品合规化与许可牌照化的方向性趋势已成定局，数字藏品市场未来的产业格局必然是建立在以官方机构为主导的主线上发展。由中国技术交易所、中国文物交流中心、华版数字版权服务中心股份有限公司联合建设的全国首个国家级合规数字资产二级交易平台——中国数字资产交易平台，于 2023 年 1 月 1 日在北京举行平台启动发布仪式。该平台交易种类包括知识产权、数字版权、数字藏品等。

经过一年的高速发展，整个数字藏品行业的技术成熟度大幅提高，产业链格局逐渐完善。从技术角度看，数藏的大规模应用推动了全国联盟链的建设和发展，尤其在基础建设端，有不少创新和突破。再从产业链角度看，数字藏品市场已经构建出包含版权与发行方、底层技术提供方、交易平台在内的产业链，而服务代理、媒体宣发服务等专业配套服务供给也在不断完善，产业生态格局初现（图 6-1）。

前面我们已经对 NFT 生态作了介绍，数字藏品与之有较为相似之处。但在数字藏品领域，因为我国强调的是以特定作品、艺术品和商品的实际价值作支撑，所以 IP 的版权方目前在整个产业中占有比较高的地位，其在产业链中的权重也远高于传统海外的 NFT

市场。图 6-2 展示了我国目前主流的一些数字藏品企业。

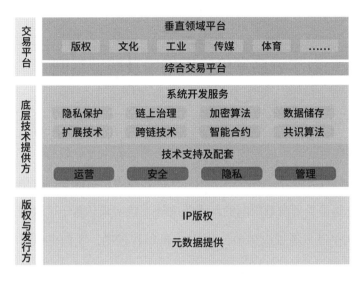

图 6-1　我国数字藏品产业链格局

资料来源：公开资料、陀螺研究院。

图 6-2　我国数字藏品产业链企业

资料来源：亿欧智库《2022 数字藏品行业研究报告》。

第三节
数字藏品常见应用场景及典型案例

我国监管政策的原则是要防范数字藏品的金融化趋势，防止数字藏品被过分炒作，所以数字藏品在国内作为投资品在二级市场的流通交易是受到政策限制的。除此之外，数字藏品基于区块链技术的特性在很多场景应用中，和 NFT 是很接近的。我们可以看一下一些典型的应用场景和案例。

一、文创艺术类

传统馆藏艺术品受地域限制，影响力和传播力有限。近年来故宫博物院做的文博原创获得了很好的市场反响，但这些主要还是存在于实物消费品范畴。数字藏品的出现拓宽了文博衍生商品的品种以及交易渠道，丰富了传统文化的传播形式，为传统的文博艺术市场带来了新的活力。

例如，2022 年农历新年前夕，24 家博物馆（院）在支付宝旗下的数字藏品平台鲸探发布源自"虎文物""十二生肖文物"及"镇馆之宝"的 3D 数字藏品。4 月 21 日，徐悲鸿美术馆、时代悲鸿文化艺术中心联合鲸探首次推出徐悲鸿限量数字藏品。

二、旅游休闲类

2022 年 8 月，扬州旅游营销中心、园林景区发展中心发行了首套"扬州园林"旅游数字藏品。三款数字藏品将园景、文物、非遗背后的文化内涵结合在一起，运用数字技术分别立体呈现了个园、何园、徐园的经典建筑、山水美景；同时以广陵派古琴艺术非遗传承人赵莹老师演奏、扬州大学音乐学院琴筝学院院长钱晓莉作曲、林顺顺编配的古琴音乐作为数字音乐，借助多维度的交互方式，给人以视觉和听觉的震撼体验。

此外，购买"扬州园林"数字藏品的消费者还有机会获得国潮服饰、扬州园林门票、扬州酒店免费入住权、古琴斫琴研学体验等相关线下权益。这是文化消费和旅游权益结合的数字藏品应用场景。

三、版权作品类

新华社通过区块链技术，将精选的 2021 年新闻摄影报道铸成中国首套"新闻数字藏品"，在 2021 年 12 月 24 日 20：00 全球限量发行。"新闻数字藏品"在区块链上拥有唯一的标识和权属信息，兼具特别的纪念意义和收藏价值。首批"新闻数字藏品"预发行 11 张，每张限量 10 000 份，同期推出仅发行 1 份的特别版本，全部免费上线。

这套"新闻数字藏品"记录了 2021 年很多珍贵的历史时刻，是特别的年终总结，更是写入元宇宙世界中的数字记忆。

四、音乐娱乐类

音乐类的数字藏品也在逐渐发力。2021 年 8 月，腾讯音乐宣布推出胡彦斌演唱歌曲《和尚》的 20 周年纪念黑胶 NFT，这既是腾讯音乐首次将音乐与区块链 NFT 技术相结合，也是国内主流音乐平台首次发行"数字藏品"。

20 周年纪念黑胶 NFT 是数字化的收藏品，而非实体性质唱片。它的收藏价值毫无疑问跟本身的内容价值有关，例如，《和尚》这一作品可以追溯到胡彦斌事业的起点，是他跟粉丝们建立关系的开始，是过去 20 年胡彦斌个人历史的"一"，没有这个"一"就不会有后来的"二"，更不会有"三生万物"。

数字手段带来新体验，作为"20 周年纪念黑胶 NFT"发布的《和尚》，是从未正式发布过的版本，而且增加了设计独特的互动体验——360 度旋转、唱片中央贴图随机触发、3D 播放效果等。

该数字藏品限量发行 2 001 张，"限量"意味着稀缺，也意味着赋予了其更高的收藏价值。

五、体育演艺类

体育比赛和演艺演出主题的数字藏品也是热门趋势之一。国际奥委会于北京冬奥会期间推出"冰墩墩官方数字盲盒"，引导更多国内体育 IP 和数字藏品这一全新的产品形态相结合，为体育产业的数字化探索和体育精神的数字化传承打开广阔的想象空间。

传统体育演艺活动的门票存在黄牛泛滥、制假售假、票根不便于保存等问题，而票务类数字藏品则通过将各种类型的门票上链铸造成数字藏品的形式进行发售，既有助于解决上述问题，又符合市场热点，以全新的营销手段吸引流量。2022 年 3 月 3 日，中国东方演艺集团携手大麦、灵境文化首推中国演出行业数字藏品——《只此青绿》数字藏品纪念票。这也是国内演出行业首个数字藏品纪念票，以创新技术弘扬民族文化，为观众构建更多通往民族文化 IP 的桥梁。

第四节
数字藏品的营销应用案例

数字藏品的核心价值在于数字内容的资产化，但在现在的互联网背景下，我们仅拥有数字内容的使用权，无法真正使数字内容成为资产。区块链技术独一无二、不可篡改、不可复制、可追溯的特点，让数字资产的确权成为现实，有助于进一步将数字藏品的应用场景拓宽。同时，数字藏品低交易成本和高交易效率的特性也推动了数字资产的价值捕获和释放，提高了数字内容产品的流动性。

目前在国内外，不管是 NFT 还是数字藏品，由于其用户受众总体符合年轻化、潮流化的特征，是品牌商家最看重的潮流消费人群，所以数字藏品在数字内容消费的场景之外，还被逐渐应用在很多和实物消费结合的场景中，成为品牌商家的营销利器。

下面展开介绍一些代表性案例。

一、奈雪的茶：元宇宙 IP + 数字藏品盲盒

2021 年 12 月 7 日，"全球茶饮第一股"奈雪的茶（简称"奈雪"）迎来品牌 6 周年纪念日（图 6-3）。奈雪发布概念视频，正式官宣品牌大使——NAYUKI。在官方介绍中，NAYUKI 是一个宇宙共生体，将在虚拟空间和现实生活中穿梭，探索每一个充满美好的宇宙空间。奈雪同步推出实物版 IP 潮玩，IP 形象的推出，为奈雪构建更有趣、更有故事性的品牌空间提供了想象力。

图 6-3　奈雪的茶 6 周年海报

资料来源：奈雪的茶官方。

奈雪不仅用虚拟人偶 IP 跟上了元宇宙的热点，还进一步借用了数字藏品推出新的营销玩法。伴随着 NAYUKI 形象推出的，还有 7 款 NFT 数字艺术品（包含隐藏款），全球限量发行 300 份，且只在线上以盲盒形式发售，不制作实物。该数字藏品具有独特专

属、不可复制、数量稀缺以及不可以转让和交易的特点，即每一件数字艺术品拥有专属唯一编码，只有所有者才有权利展示"正版"。作为新茶饮行业的数字藏品首秀，奈雪的数字藏品同时拥有"NFT""盲盒"两大标签，上架仅 1 秒便被抢购一空。

二、中国李宁：实物商品的数藏化 + 数藏版权的商业衍生

2021 年 9 月 20 日，NBA 篮球名宿德怀恩·韦德（Dwyane Wade）通过个人社交媒体账号曝光了一双"悟道新款球鞋"，照片发布之后迅速引起了潮流媒体及区块链媒体的关注。

实际上，这件作品并非最新潮流单品抢先曝光的剧透照，而是中国运动品牌李宁在数字世界里的一次全新探索。李宁联手艺术家周世杰推出了附带篮球明星韦德电子签名的超现实主义新鞋数字藏品——《悟道里的巫师商店》。

9 月 26 日晚，在"保利·南风堂：算法之爱"NFT 拍卖专场，这个超现实主义新鞋数字藏品再次吸引了大众关注，最终以 112 万元人民币的成交价格创下数字藏品的拍卖纪录。

2022 年 4 月 23 日至 5 月 15 日，中国李宁以"无聊不无聊"为主题，在北京三里屯打造限时快闪活动，建设了一个元宇宙性质的场馆，并将无聊猿 #4102 号作为中国李宁主理人，融合青年文化、极限运动、潮流等元素打造超现实体验。品牌和 IP 联名合作本来是很常见的情况，但这次中国李宁与无聊猿的 IP 联名，确实和过去有着本质的不同，具有里程碑意义。

到底有什么不同？在中国李宁官宣的许多图片上，都特别强调了一个数字：#4102。其实并不是所有的 NFT 或者数字藏品的版权都属于买家，但无聊猿项目的 NFT 持有人被授予使用、复制和展示所购买的收藏品的完整商业使用权，以及使用它制作创意衍生作品的权利。也就是说，持有人除了可以收藏 NFT，还可以对持有的 NFT 进行商业化衍生。

正是有了这个基础，中国李宁才会购买 #4102 号的无聊猿 NFT。获得该 NFT 后，#4102 的商业使用权就完全在中国李宁的掌控范围之内，所以就引出了前面所提到的主理人活动。同时中国李宁还推出了一系列包含无聊猿 #4102 号形象元素的衣服、鞋子等周边产品。

李宁这次借助无聊猿 NFT 发起的活动，其实不仅是品牌的联名营销，更重要的意义在于为 NFT 和数字藏品在中国的品牌化和商业化运营打开了一扇门。不论这次营销事件所带动的销量如何，这件事的先锋实践性意义已经超越了事件本身。

使用虚拟品牌形象，通过话题流量吸引年轻用户，数字藏品和品牌营销的结合发挥了很好的眼球效应。长期来看，数字藏品或将在品牌营销中成为一种重要的工具。

一方面，数字藏品采用区块链技术的特征与当前品牌营销涉及的会员管理、品牌积分和激励体系等有天然的适配性，在不断发展的网络环境与未来虚拟空间下的品牌用户运营，将推动品牌建立丰富的私域内容闭环。另一方面，数字藏品本身可以作为品牌实体产品的一种数字孪生品，甚至是数字化的衍生商品，可以为品牌直接带来新的收入来源。随着虚实共生的消费场景的建立与完善，在未来元宇宙概念下的各类消费空间与生态中，数字藏品将有更大的应用前景。

目前，数字藏品应用不断增加，市场越来越火爆，已开始在文化消费、IP 打造、元宇宙等领域涌现出具有代表性的知名应用，产业链条也在加速构建。例如，国内不少电商、社区平台已尝试打造互动数字空间，联手品牌展示数字藏品，这类形式有望伴随技术与应用的发展而不断成熟。

但数字藏品产业本身尚处于探索和尝试的早期，面临着技术成熟度不足、价格机制有待完善、监管法规尚待明晰等问题。2022 年 6 月 30 日，奈雪的茶上市一周年，推出"奈雪币"活动和虚拟股票，虚拟股票的涨跌幅与奈雪的真实股价挂钩。这个活动虽然吸引了很多的关注，但也引起了很大的合规争议，所以数字藏品的营销实践需要在创新中把握合适的度。

第七章

Web3.0领域其他
代表性应用

前面介绍了 Web3.0 领域中最重要的两个板块——DeFi 和 NFT，可能大家会感觉它们离我们的生活有点远，尤其是 DeFi，而 NFT 似乎也没有令人体会到日常交互的感觉。

下面我们将介绍其他一些有代表性的应用，希望能帮助大家开拓对 Web3.0 应用场景的认知。另外，我们也想通过这些应用场景的介绍，让大家感受到其实 Web3.0 的应用离我们的生活并不远。

第一节
创作者经济平台

我们在前面对元宇宙的介绍中提到了创作者经济的概念，在现实生活中相信大家也对目前风生水起的各种直播或者视频平台非常熟悉，创作者将其内容变现的能力越来越强。

下面我们简单总结一下创造者经济经历的三个发展阶段。

一、第一阶段：传统经济

在最常见的雇佣形式中，内容创作者为雇主工作，例如一家出版社或者广告公司的职员，他们所创作的内容，是作为工作职责的一部分。内容变现为工资、奖金，甚至有可能包含期权（股权）奖励。变现方式很直接，但是对于大多数的内容创作者而言，很多情况下这个内容作品的变现是间接的，是通过雇主实现的，而且在大部分情况下，创作者不完全拥有甚至根本不拥有他们在受雇期间所创作的内容的所有权。由于雇主提供了很多好的保障，比如固定的工资等，所以往往在雇佣条款中要求全部或者共同享有雇员在职创作内容的所有权。

二、第二阶段：互联网平台的经济

近年来，互联网的发展让更多的内容创作者有了通过内容创作来实现变现的能力，微信自媒体公众号、抖音、B站这类平台让很多的内容制作者从传统受雇的组织中脱离出来，转向借用一个平台来扩大内容变现的成果。但近几年由于平台受到监管，或者平台规则的改变，一些热门账号遭到封禁，商业价值迅速下滑，这让大V们意识到，他们并不完全掌控着自己的内容成果。同样地，由于大多数创作者和平台之间往往只有渠道合作的关系，所以好的内容所带来的平台市值的飞涨，与内容贡献者没有直接关系。

三、第三阶段：Web3.0 创造者经济

创造者经济代表了一种长期的转变，最重要的是表现为创作内容的所有权或者掌控权从雇主、平台向创作者的转移。Web3.0 世界中的创造者经济原则——工作所有权、去中心化和灵活性，与 Web3.0 的出现并行。随着未来几年互联网的迭代，预计将会看到创造者经济和 Web3.0 之间的重叠越来越多。

创作者拥有内容是 Web3.0 创作者经济的第一次迭代。在 Instagram、YouTube 和抖音等社交平台上，平台背后的公司拥有创作者制作的内容，而 Web3.0 将使创作者不仅可以在现有的社交平台上拥有自己的内容，还可以拥有自己制作和分发内容的平台的一部分收益。通过铸造 NFT 作为所有权证明并验证内容的真实性，也为创作者获得直接经济回报提供了实现路径。

四、应用案例：Mirror

Mirror 成立于 2020 年，由 a16z 前合伙人丹尼斯·纳扎罗夫（（Denis Nazarov）创立，致力于实现内容创作的自由之路。Mirror 平台为作家或者内容创作者提供一种安全且自由的方式来发表作品，并保持对其内容数字版权的完全控制，是 Web3.0 这一概念在创作者经济领域的一个应用范例。用户可以在 Mirror 上自由撰写、发布、传播任何内容，平台不具备审查和修改权限。用户可以自行设置文章的发布形式，以及是否要将自己的文章铸造成 NFT，平台

可为内容创作者提供持久的内容版权收益支撑。

Mirror 并不是为区块链行业定制的平台，它适合更广泛的内容创作者或者普通人。虽然早期用户中可能有大量熟悉区块链行业的从业者，故而内容还是会大量关注于区块链行业的发展，但创作者完全可以利用这个平台逐渐替代传统的博客、播客或者内容网站，所以并不存在内容题材上的限制。随着用户的增长，内容也逐渐扩展至泛科技、技术、艺术或者其他更垂直领域的内容。

同时 Mirror 也是 Web2.0 界面友好的应用，对大多数微博、微信公众号、推特的长期创作者而言，Mirror 非常易于操作。对于使用其他传统媒体平台进行内容创作的个人或者组织而言，Mirror 也开发了迁移功能，用户可以将 Medium 或 Substack 等平台中的内容一步迁移至 Mirror 中；导入的内容将会被转换为 Markdown 格式，这也是很多平台默认支持的文本编辑语法。

Mirror 上发布的创作和内容的数据都是基于 Arweave（IPFS）实现去中心化存储，以保证永久存储。关于 IPFS 的去中心化存储的原理，我们将在本章第三节展开介绍。

Mirror 为创作者提供了 6 个基础能力工具，包括发布文章（Entries）、众筹（Crowdfunds）、数字藏品（Editions）、拍卖（Auctions）、合作贡献分成（Splits）、社区投票（Token Race）。

总而言之，内容创作者可以在 Mirror 上自由创作文章作品、铸造作品 NFT、发起众筹、进行投票治理等。Mirror 上的这几个功能相辅相成，形成了创作者经济的完整闭环。从根本上来说，Mirror 有望为内容创作者提供一个多元化的平台，通过提供各种各样的工具（支付、众筹、版税），既可以打通创作者和粉丝之间的连接，还能帮助创作者寻找适合自己的经济模式或收入来源。

第二节
浏览器

在互联网世界，当我们输入一个网站的地址时，我们是依靠浏览器来处理所有复杂的后端东西，到达网络空间的目的地。在浏览器上查看一个网站，本质是应用软件处理的各种功能，从解析网站地址到从网站所在的服务器上提取内容，其底层原理是，浏览器只是一个通往互联网世界的窗口。

随着浏览器技术的不断发展，现代浏览器已经能够处理Web3.0 应用程序，只不过可能还需要做一些补充性工作才能访问它们。例如，如果使用的是 Chrome 或 Microsoft Edge 浏览器，则必须安装一个加密钱包扩展（如 Metamask）来连接到各类去中心化应用程序，并修改 DNS 设置以访问某些 Web3.0 域名。

同时也有一些 Web3.0 友好的浏览器，如 Opera 和 Brave，它们通过内置钱包和基于 Web3.0 的域名支持，提供某种程度的原生Web3.0 体验，有机会在下一代的互联网生态中占得先机。

谈到 Web3.0 浏览，有几个关键指标需要考虑：易用性、流畅的用户体验、透明度和安全性等。

Web3.0 入门面临的第一大障碍就是，用户要创立和保管好加密钱包，要记住由 12 个单词组成的助记词，并理解如何安全地保管和使用。Web3.0 的浏览器厂家正在尝试通过与不同的合作伙伴合作来解决这个入门体验问题。

以 Brave 浏览器为例。

Brave 浏览器是由 Brave Software 创建的 Web3.0 友好的浏览器，其中内置了一个托管加密钱包，这让大多数用户可以以 Web2.0 无门槛使用，并支持通过信用卡轻松进行代币的购买和交换。2018年 9 月 20 日，美国《大众科学》杂志（*Popular Science*）报道称："Brave 浏览器被列为谷歌浏览器的可行代替品。"

我们可以对比一下 Brave 浏览器和谷歌的 Chrome 浏览器。Brave 的网页响应速度是 Chrome 的 3 倍，Brave 在内存资源暂用以及耗电方面的表现都更出色。Brave 浏览器拥有广告拦截功能以及更好的隐私保护性，用户可以查看到目前为止浏览器已屏蔽了多少广告以及保存了多少数据。

Brave 在安全与隐私方面有以下功能亮点。

第一，自带的保护隐私插件 Brave Shields 阻止了会捕捉用户数据的广告和跟踪程序，阻止网络钓鱼、恶意软件和恶意广告，是非常强力的广告屏蔽插件。Brave Shields 会防止在线跟踪，在用户访问的每个页面上阻止跨站点 cookie 跟踪、指纹识别等。用户也可以控制网站通知服务的访问权限，控制网站对自动播放媒体的访问权限。

第二，Brave 提供隐私保护浏览模式，承诺其服务器既不会查看也不会储存用户的浏览数据，用户在 Brave 浏览器中产生的账户数据、浏览数据只保存在用户本地设备上并保持加密，直到用户自行删除。

Brave 浏览器对传统互联网广告模式产生了很大的冲击。Brave 的广告投放，是将原网站上的广告过滤，在用户同意的情况下，在同等的广告位置投放自己广告商的广告。Brave 可以直接与用户分享其广告收入的 70% 作为奖励，鼓励但不强求用户与网站出版商和内容创作者分享部分收入，并推出了打赏的服务。

通过 Brave 赚取奖励，主要有三个方法。第一个方法是，用户可以通过浏览广告来获取其代币通证 BAT（Basic Attention Token，中文可以译为"注意力代币通证"），作为观看广告的奖励，开启"边看边赚"模式（View to Earn）。第二个方法是，内容创作者可以通过推广 Brave 浏览器来获取 BAT 奖励。用户可以注册成为内容创作者，关联自己的社交媒体平台账户，并生成自己的专属邀请链接。目前，Brave 已支持 YouTube、Twitter、Twitch、Vimeo、Reddit、Github 等主流平台。第三个方法是，用户可以使用自己累积的 BAT 代币打赏内容创作者。他们可以通过两种方式打赏：一次性打赏或每月自动打赏。

Web3.0 浏览器当今面临的最大挑战还是区块链跨链兼容性的问题。例如，如果用户正在 Chrome 浏览器上使用 Metamask，其可以使用所有基于以太坊的区块链和应用程序。但如果用户需要使用 Solana 链支持的应用程序，那他就需要另外安装一个 Phantom 钱包。

相信随着跨链技术的成熟，未来 Web3.0 浏览器支持多链兼容是必然的趋势。

第三节
存储

存储市场的商业组织形式可以分为中心化存储和去中心化存储。中心化存储是将数据完整地存储在中心化机构开发的服务器上，去中心化存储则是将数据切片分散存储在多个独立的存储供应商处。

元宇宙时代将拉动数字存储的巨大需求。全球中心化云存储市场在 2016—2020 年呈现稳定的增长态势，复合年均增长率（CAGR）保持在 28% 的水平。随着 5G、物联网走向规模化复制，全球中心化云存储规模在 2025 年将达到近 8 000EB，而去中心化存储的增速将会超过 100%（图 7-1）。

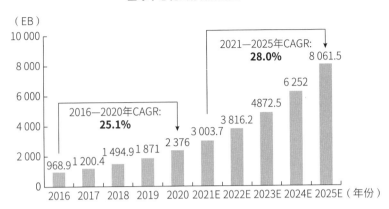

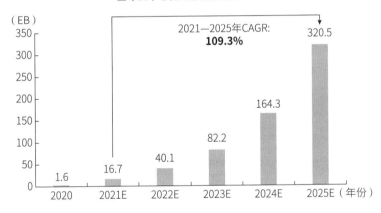

图 7-1 全球云计算市场规模

资料来源：头豹研究院。

一、中心化存储

中心化存储，即将整个存储集中在一个系统中的多套设备上，是过去大型主机时代的产物，采用有限的、固定的节点数，数据访问仅需经过一个控制器，因而具有低延迟的优点，但仍有相对费用较高、数据安全性低、服务提供商的运营可扩展性低等问题。

中心化存储系统顺利运行的关键之一是存储服务器稳定运转，存储服务器成为系统性能的瓶颈以及可靠性的焦点，对于存储环境、硬件设备等提出了极高的要求。巨大的中心化存储市场是巨人的蛋糕，亚马逊、微软、谷歌、阿里云四大巨头合计占据了云存储市场份额的 67%。虽然云存储市场的规模和用户数量在飞速增长，但是中心化存储市场有着不可回避的缺陷，首要的就是无法保障数据安全。

一方面是存在数据泄露的风险。2021 年 6 月，与 7 亿领英（LinkedIn）用户相关的数据在暗网论坛上发布出售。此次曝光影响了领英 7.56 亿用户中的 92%。2019 年 4 月，两个第三方 Facebook 应用程序数据集暴露在公共互联网上，其中之一大小为 146 GB，包含超过 5.33 亿条记录。该数据库于 2021 年 4 月在暗网上免费泄露，为最初在 2019 年泄露的数据增加了新一波犯罪风险。这使得 Facebook 成为最近被黑客入侵的最大公司。除了社交平台，重金打造网络安全的金融机构也难以幸免。2019 年 5 月，第一美国金融公司（First American Financial Corp.）泄露了 8.85 亿用户的敏感记录，这些记录可以追溯到 16 年前，包括银行账户记录、社会保险号、电汇交易和其他抵押文件。

另一方面是存在服务商中断运营的风险。

2022 年 12 月 18 日上午 10 点左右，阿里云的香港服务据点出现故障，导致托管在该地域的众多服务项目出现无法访问的情况，其中包括澳门金融管理局、澳门银河、莲花卫视等多个关键基础设施。本次的宕机事件影响之大，媒体报道中采用了"史诗级"来形容，但是按照阿里云官网对云服务器 ECS 的服务可用性等级指标及赔偿方案，用户获得的赔偿仅限于用于购买 ECS 产品的代金券，且赔偿总额不超过月度服务费。这个明显偏向于平台方的赔偿规定也和中心化存储供应商集中度高不无关系。

二、去中心化存储

存储作为一个规模接近千亿美元的市场，显然有着巨大的驱动力去弥补现有市场上没有被满足的需求。由此，去中心化存储作为一种新的商业模式应运而生。

去中心化存储，是通过分布式存储技术将文件或文件集分片存储在不同供应商提供的磁盘空间上。它主张增强加密安全和用户隐私，将数据存储于不同的节点，通过数据冗余防止数据丢失，并且规避单点故障，推崇使用开源的应用程序和算法来维护去中心化。

去中心化存储不仅是模式以及技术路径的转变，更重要的是它的价值主张更贴近于 Web3.0 所提倡的"以数据为中心、数据价值化和隐私保护"。

三、应用案例：IPFS

IPFS 全称是星际文件系统（Inter-Planetary File System），是一

种 P2P 的分布式文件系统。IPFS 技术的出现补充了，甚至有可能替代目前统治互联网的超文本传输协议（HTTP），将所有具有相同文件系统的计算设备连接在一起；也是从技术手段上来解决目前 HTTP 协议下 Web3.0 内容中心化储存管理的风险。

简言之，IPFS 的工作原理是从根本上改变内容查找的方式，这也是它最重要的特征。使用 HTTP，我们查找的是内容存储的域名地址；而使用 IPFS，我们查找的是内容，而且不需要验证发送者的身份，只需要验证内容的哈希，这样可以让网页的速度更快。IPFS 不再关心中心服务器的位置，也不考虑文件的名字和路径，只关注文件中可能出现的内容。HTTP 与 IPFS 特征对比见表 7-1。

表 7-1　HTTP 与 IPFS 特征对比

HTTP	IPFS
宽带资源浪费	宽带成本节省
文件可以被永久抹除	文件可以被永久保存
主干网控制，容易收到干预影响	P2P 传输，不依赖中心化服务器
过于中心化	区块链去中心化技术
存在 DDOS、XSS、CERF 等安全隐患	高速传输，安全存储

目前去中心化存储赛道中采用 IPFS 技术的比较热门的项目有：Filecoin 和 Arweave。

第四节
域名服务

一、什么是去中心化域名

互联网现在使用的大多数域名，比如 .com、.net、.biz 和数百个扩展名大多是企业和机构在其网址中使用的后缀域名。域名系统（Domain Name Server，DNS）是由美国的互联网名称与数字地址分配机构（Internet Corporation for Assigned Names and Numbers，ICANN）运营，他们的主要工作就是管理域名和分配 IP 地址。这些站点通过 GoDaddy 或 Bluehost 等域名注册商购买，然后内容由 Amazon WebServices 等服务商托管。

由于这些站点仅托管在一个位置，因此，如果管理当局认为其内容违反了法律或法规，则这些站点的数据很容易被删除。美国利用自己的力量，把 DNS 的管理权赋予了 ICANN 董事会而不是联合国，而由美国公司注册局掌握的 ".com" ".net" 等顶级通用域名实际被认为是美国司法管辖的美国资产。

去中心化域名依托于公有链之上的去中心化域名服务商，将链上的地址转换成便于记忆和识别的字符，具有和传统域名一样的唯一性、稀缺性和可辨识性。例如，以太坊域名服务（Ethereum Name Service，ENS）就是建立在以太坊上，提供以 ".eth" 结尾的以太坊域名，其中最有名的域名可能就是以太坊创始人维塔利克·布特林所拥有的 Vitalik.eth。

二、去中心化域名的优势

明确所有权：与 DNS 目前由有争议的中心化管理运营不同，去中心化域名在链上运行，一旦拥有了域名，则除了拥有者本人之外，没有其他权力机构可以审核和删除内容。

实现更便捷的链上交互：即可以链接钱包地址，简化转账的操作。比如，如果你要给维塔利克转发以太坊，而维塔利克已经将其钱包关联了 Vitalik.eth，那你就不必记住长长的钱包地址，只要在转账地址栏中填入 Vitalik.eth 即可实现。此外，作为账户体系的重要组成部分，去中心化域名正在与其他去中心化应用集成，实现身份认证的功能，用户可以通过域名登录各类型的去中心化应用，这也将大大提升用户体验感。

具有社交价值和品牌象征：传统域名服务最多的是企业的应用，但是 Web3.0 时代预计将有更多数量的个人使用域名。2021 年 10 月 8 日，ENS 宣布已支持在个人资料中设置 NFT 头像，同时会显示在去中心化应用中，为用户提供社交价值和身份象征。

三、去中心化域名的缺陷

浏览器支持不够：尽管 ENS 和 Unstoppable 目前已经集成了

Opera、Brave 等 Web3.0 友好的浏览器，但是主流的浏览器（如Chrome）仍未集成去中心化域名，用户无法直接在浏览器中输入后搜索，并前往对应的网站。

传统网站的内容和功能性优势还未有显现：与传统域名承载了网站功能、内容索引等重要作用不同，目前域名项目更多是转账地址的映射。虽然去中心化域名可以完成内容的承载和展示，但就功能性而言还无法替代传统域名。

四、应用案例：ENS

在 Web3.0 应用的新世界中，去中心化的域名系统将成为一种新型的域名服务器。2017 年，尼克·约翰逊（Nick Johnson）和亚历克斯·范德桑德（Alex Van de Sande）创立了第一个名为 ENS 的去中心化域名服务器。

ENS 能以去中心化的形式为区块链地址、Web3.0 存储资源甚至社交信息等提供可读的名称解析服务，也是集成最广泛的区块链命名标准。ENS 的目标是让 Web3.0 更容易访问，并像传统的域名服务器一样运行。它将冗长、无规律的链上加密地址、哈希、元数据等仅机器可读标识符映射转化成如 "abc.eth" 等人类可读的地址名称。这种强辨识性域名方便了加密资产的来往，提升了应用交互的用户体验。

使用 ENS，用户可以创建各种与个人信息相关联的 Web3.0 域名。此外，用户还可以将 .eth 域名关联到加密钱包地址，这样就可以与朋友或客户分享域名，并直接在其关联的钱包中接收付款。下次接收他人付款时，也不必再分享类似"0x890hjs0htdw……"的钱包地址，只需将域名分享给付款者即可。

尽管构建在以太坊上，但 ENS 不局限于以太坊，而是支持多链地址的解析。用户还可以将域名关联到 IPFS 的文件，也可以使用特定插件设置访问权限，仅让有访问权限的人以网页形式查看这些文件。

2019 年,ETH 短域名拍卖从 9 月 1 日开始，到 2022 年 11 月 5 日正式结束。在此之后，ENS 团队官宣不再创造新的顶级域，而是选择了另一条反向兼容的道路，逐步向传统 DNS 域名提供区块链地址解析。将现有的 DNS 域名引入 ENS 生态以促成两代域名之间的融合，即用户通过在 DNS 系统上提交持有 .xyz 等 DNS 域名的记录，可以在 ENS 系统中创建出同样具备多链钱包地址解析的 .xyz 区块链域名。mirror.xyz 既是用户在 DNS 世界中的网址，也是在 ENS 世界中的钱包地址。

在创建这样一个域名时，需要支付 ENS 名称的注册费用。域名的价格通常按照字符长短来计价，比如，5 个字符的 alice.eth 和 3 个字符的 abc.eth 价格就相差很大。购买域名可以选择年限，到期后再付费续约。

一旦拥有了 ENS 域名，用户还可以轻松创建并拥有多个子域名。例如，如果用户拥有 disney.eth 域名，就可以再创建类似 micky.disney.eth 或 daisy.disney.eth 等子域名。

作为一种数字资产，用户还可以将其子域名直接转赠、出售给其他人。ENS 提供的 .eth 域名本质上是一种所有权记录在以太坊区块链上的 ERC–721 代币或 NFT。这意味着用户也可以在 OpenSea 等 NFT 市场上交易自己的 .eth 域名。

第五节
预言机

一、什么是区块链预言机

提起预言机，很多人的第一反应是用来预测未来，而预言机对应的英文名称 Oracle 又会使大家联想到著名的软件巨头甲骨文公司或者 Oracle 数据库。是不是区块链领域能有更强的市场预测能力？

在计算机领域，预言机是一种抽象电脑，又称"谕示机"。预言机具备图灵机的一切功能，并额外拥有一种能力：可以不通过计算直接得到某些问题的答案，这个过程叫作 Oracle（神谕）。也就是说，预言机可以解决图灵机通过计算也无法解决的问题，比如从外界获取问题的答案。

举个例子，有一个航班延误预警的 DApp，用户需要通过链上智能合约进行查询，但航班的信息数据本身不是在链上自行生成的，而是需要智能合约向民航管理信息中心的接口发起请求获取数据。这时预言机就起作用了，智能合约可以向预言机发起请求，由预言机执行向区块链之外的信息数据源网站接口调用信息数据，然后再反馈能达到一致响应要求的数据给智能合约，供智能合约处理执行。

所以预言机是一个介于区块链智能合约和该智能合约执行任务所依赖的数据源之间的中间件处理器，是区块链和现实世界之间的纽带、数据信息传递的中继器。

二、区块链为什么需要预言机

基于区块链智能合约的执行需要满足所设定的条件，它需要某种数据（如航班起飞信息）的输入来执行命令，但在应用层面，它所需的大部分数据都不是储存在区块链上的，也不是由区块链生成的。因为区块链是一个完全封闭的体系，智能合约本身也无法连接链外的现实世界数据，无法直接与外部世界连通。从这种意义上来说，区块链与现实世界的数据是割裂的。

换句话说，我们在金融和交易型应用中所需要的市场中的各类资产报价信息、未来拓展应用中对于工业物联网的传感器读取数据，或者企业决策信息系统中的财务数据等各种现实世界中重要的决策性数据，完全无法传输到区块链上，这将大大束缚智能合约和区块链的应用场景。回到前面举例的航班延误 DApp，如果无法获取航班数据，又怎么能开发出自动执行赔付的航空延误保险智能合约呢？

而要将链外数据有效地传输到区块链上，从而让区块链智能合约发挥巨大的作用，目前唯一的方法就是使用"预言机"。预言机的功能就是将外界信息写入区块链内，完成区块链与现实世界的数据互通。这是智能合约与外部进行数据交互的唯一途径，也是区块链与现实世界进行数据交互的接口。

三、应用案例：Chainlink

Chainlink 是一个去中心化预言机网络，能将智能合约安全地连接至区块链网络以外的数据和服务。现代经济中的传统系统一旦接入了 Chainlink 预言机，就可以连通最前沿的区块链技术，让商业和社会流程变得更加安全、透明且高效。

Chainlink 的目标是将区块链智能合约和链外的信息源实现安全可靠的连接。为了防范单一信息处理节点可能产生的中心化操控导致的信息失真风险，Chainlink 采用了与区块链相同的去中心化模式。网络中的预言机从多个数据源共同获取数据，将数据聚合，并将经过验证的聚合数据传输至智能合约，触发合约执行，在整个过程中规避了所有中心化风险。

如果用一个中心化的预言机将数据传输至智能合约，那么这个预言机就能操纵智能合约最终输出的结果。这种单点故障我们称之为"预言机问题"，它会威胁到整个智能合约的安全。

又比如，在众多的去中心化金融应用中需要调用 ETH/USD 之间的转化价格，向 Chainlink 发起数据调用的指令。Chainlink 会采用多个独立的预言机节点和数据源，获取并传输价格数据

（图 7-2），并在最终验证后将有效 ETH/USD 价格传输到区块链上。部署在区块链上的去中心化金融应用可以通过 ETH/USD 价格预言机获取当前以太坊价格，用于贷款抵押或清结算等自动执行的去中心化协议。

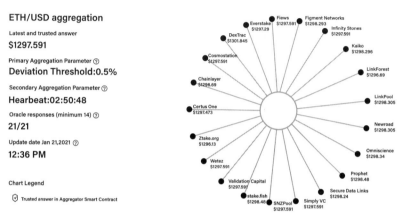

图 7-2　Chainlink 从多个独立预言机节点获取价格数据

资料来源：Chainlink 官网。

Chainlink 预言机网络除了去中心化之外，在区块链的兼容性上表现也非常出色。Chainlink 可以在任何区块链上运行，无须依赖其他外部区块链。这意味着 Chainlink 可以支持公有链和企业级区块链等各种区块链环境。

Chainlink 有一套声誉体系，即 Chainlink 预言机的历史性能参数都可以在链上公开查看，而且数据经过签名验证。用户可以根据平均响应时间、任务完成率和平均保证金等各种历史性能参数筛选预言机，以最高的透明度为用户选择预言机提供保障。

Chainlink 是目前使用最广泛的去中心化预言机网络，目前为众多区块链的实时应用程序确保了数百亿美元的价值。除了前面举例的去中心化金融，预言机还广泛应用于外部支付、NFT 和游戏、企业系统、供应链、授权和身份认证场景、政府行政管理等方面。

第六节
生活娱乐

在目前阶段，众多 Web3.0 应用让很多人感受不到的一个原因是生活娱乐类的应用还不够丰富。一方面，从区块链的第一个应用——比特币开始，我们大量的关注和创新是专注于基础设施底层，以及金融领域。这个很容易理解，高速公路没有修建起来，上面就不会有更多的车跑起来。另一方面，是 Web2.0 巨头在生活娱乐方面给了用户最好的体验，在 Web3.0 的领域里面，在这类产品或者服务体验领域还很少有真正能与 Web2.0 巨头抗衡的应用。但是毫无疑问的是，这方面的探索不会停止，这方面的进步也不会停歇。下面让我们来了解一个生活服务类的 Web3.0 应用——Audius。

Audius 是早期热门的去中心化音乐流媒体平台之一，是 Web3.0 在音乐领域尝试探索的先行者，它试图通过区块链技术和 Web3.0 的理念设计来重建音乐流媒体的共享方式。2020 年 10 月，主网正

241

式上线，Audius 的目标是每个人都可以发布自己的音乐作品，用去中心化的方式实现"没有中间商赚差价"。Audius 是第一个与视频共享巨头 TikTok 整合的流媒体平台。

根据音乐产业分析公司的调研，在流媒体平台 Spotify 上，作品每播放一次，艺术家获得的版税为 0.003—0.005 美元，音乐创作者只能获得全平台收入的 13%，其他的权益基本为平台或者第三方公司掌控。所以在音乐流媒体领域，不仅创作者普遍处在弱势地位，从业者的收入中位数也是比较低的。

Audius 就是希望利用区块链的去中心化特性，解决传统音乐行业中间商获得太多利润以及版权确权难的问题。首先 Audius 保留了传统 Web2.0 音乐流媒体的影子，对互联网用户进入 Web3.0 相对比较友好。平台不需要用户必须有去中心化钱包，使用邮箱登录即可。没有加密钱包的用户，可以选择使用平台自动分配的 Hedgehog 的钱包地址，整个网页的使用过程和传统播放器也很类似。而且创始团队有计划将平台 90% 的收入全部分给创作者，将 10% 的收入分给运营节点，平台零抽成。

Audius 将用户创作的音乐作品数据存储在基于 IPFS 技术自建的分布式存储网络上，从而实现去中心化和不可篡改，拥有了数据的控制权。针对音乐平台中最重要的创作者资源，Audius 采用了代币通证激励的模式，来奖励上传和分享作品的创作者，不仅面向一些热门的专业明星歌手，还友好地向所有草根创作人开放。

除此之外，Audius 还计划迎合粉丝经济，增加社交的元素，将来会支持创作者发布个人粉丝代币通证，并定制使用方式和玩法，可以增加创作者和粉丝之间的互动。

第七节
社交

Web2.0 时代可谓是社交平台的天下，而围绕着 Web3.0，社交平台是否也要开启一个新的时代？

一方面，不管是 Facebook 改名为 Meta，还是推特宣布推出新功能，将拥有 NFT 的用户头像显示为六边形，都被业内认为是互联网巨头向 Web3.0 转型的一次尝试。而几乎同一时间，YouTube、Reddit、Google 都宣布尝试推出 NFT 产品，加入 Web3.0 产品的研发。Google 母公司 Alphabet 的首席执行官孙达尔·皮柴（Sundar Pichai）则直接表示，该公司正在监控区块链行业和 Web3.0 的发展。他表示，许多科技公司都在涌入该领域并手握数亿美元的投资，Alphabet 可能很快也会效仿。毕竟当前的互联网巨头们不仅有强烈的危机意识，也有强烈的创新意识。

另一方面，Web3.0 社交代表着一种新风潮，冲击和改变着当前的时代。人们似乎需要一个在 Web3.0 世界或者加密世界中进行社交的产品，汇集全球用户的共识。

那么，Web3.0 社交产品能比 Web2.0 的产品体验更好吗？

Web2.0 发展到现在，其产品形态已经基本固定了，经过长时间的运营比拼和交互体验比拼，已经处于巅峰期。如果拿婴儿时期的 Web3.0 产品去和 Web2.0 产品比，肯定没有可比性。

那 Web2.0 的产品已经很好用了，Web3.0 的产品还能从哪些方面改进呢？

首先，是创作者经济的利益分配问题。Web2.0 的大平台都赚得盆满钵满，而用户作为平台最核心的资产，没有得到相应的利益。其次，是用户和平台之间关系的不平等。比如，一些社交平台可以对用户账号进行封禁。再次，是隐私数据保护的问题。之前已经爆出过很多用户隐私泄露或者贩卖用户数据的案例，用户的数据掌握在平台手里，这是一种不对等的资产托付。最后，就是未来的社交需求有垂直化、社群化的趋势。目前阶段已经有很明显例证，只不过 Web3.0 的社群共治有了更强大的共识基础，社交工具若在交流功能之外还能和治理工具等嵌合，将更能符合其价值互联网时代的定位。

所以，Web3.0 时代的社交产品在发展初期，一定是沿着上述逻辑维度去拓展，而非在产品的交互体验上迅速占得绝对优势。

一、应用案例一：Lens Protocol

Lens Protocol 是基于 Polygon 区块链来构建的一个去中心化的、可组合的社交图谱，由著名的 DeFi 协议 Aave 团队开发，并于2022 年 2 月 7 日正式推出。用户可以自由开发并且通过持有相应的

NFT 拥有他们创作内容的所有权。该协议主要用来帮助开发人员构建
Web3.0 原生社交应用，任何基于 Lens 构建的应用程序都可以扩展社
交图谱，并使生态系统中的所有应用程序受益。

Lens Protocol 的名字和镜头（Lens）并没有太大关系。其官网
上描述了一种名为 Lens Culinaris（小扁豆）的植物，这是一种高大
的枝芽植物，长有透镜状的小扁豆荚。它与某些土壤细菌有共生关
系，留在地下的枝根将为它的邻居提供氮（图 7-3）。

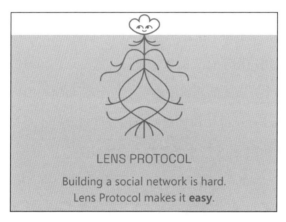

图 7-3　Lens Protocol 生态愿景

资料来源：Lens Protocol 官网。

从名字意喻不难看出，Lens Protocol 协议不仅希望为 Web3.0
社交中的用户提供产品和服务，同时也希望能给整个 Web3.0
的社交生态提供助力成长的营养。

Lens Protocol 希望打破 Twitter、Facebook 等中心化社交媒体对
用户数据的控制，该协议将用户网页铸造为 "Profile NFT"，包含
用户生成的所有内容的历史记录。该 NFT 的所有权让用户可以控

制自己的内容。托管存储在 IPFS 的内容具备收益分享的功能，还具有针对相互关注者的内置治理功能。

和传统社交平台不同的是，Lens Protocol 不仅给予用户数据所有权，更是搭建了一个开放式社交平台，以"任何应用程序都可插入的开放社交图谱"来构建整个生态系统，这和我们日常接触到的社交平台之间的壁垒高筑不同。

Lens Protocol 允许开发者使用模块化组件在协议上任意搭建自己的社交应用，鼓励开发者开发提升产品体验的新组件。外部应用也可以接入，丰富整个生态系统并共同获益、共享 Lens Protocol 生态优势。而用户用于社交的数字身份、数字资产和地位关系网络，将可以在整个开放式的网络中游走于各个不同的应用之间，带到任何基于 Lens Protocol 协议构建的应用程序中。这正是 Web3.0 社交有机会对 Web2.0 社交产生颠覆的革命性改变。

Lens Protocol 的创始人斯塔尼·库勒乔夫（Stani Kulechov）在其社交账号上描述 Lens Protocol 是"开放的、可组合的 Web3.0 社交媒体协议，允许任何人创建非托管的社交媒体资料、构建新的社交媒体应用程序"。

二、应用案例二：Friends With Benefits（FWB）

在 Web3.0 时代，人才依旧是最重要的因素。

FWB 的创始人特雷弗·麦克费德里斯（Trevor McFedries）就是个妥妥的"人才"，拥有着多重角色。他不仅是一个获奖的 DJ

和音乐制作人，在创办 FWB 之前还创办了一家虚拟社区建设的公司——Brud，其最出名的作品是虚拟 CG 人物 Lil Miquela。Lil Miquela 是 Instagram 平台上的现象级网红，拥有超过 300 万名粉丝，并且和 CHANEL、Burberry、Prada、Supreme、Calvin Klein、Vans、三星等一众品牌合作，市场估值超过 1 亿美元。Brud 后被 DApp Labs 收购。

FWB 被认为是社交型 DAO 的典型代表，它是建立在 Discord 上的一个社区，而 Discord 是一个可以自由建立规则和权限的线上沟通软件。FWB 开创性地在 Discord 上使用 Collab.Land 聊天机器人，这个可以方便设置和运行验证为通证代币持有人的小组聊天。

在这个线上社区的平台 Discord 中，目前已经根据不同的主题如艺术、交易、音乐、游戏甚至美食形成了分论坛和频道，而整个社区用户已经接近 3 000 人，其中大约有 200 个贡献者，根据产品划分成负责每周社论、负责会籍及权益、负责产品设计和开发、负责城市 SubDAO 和负责活动运营等 7 个方向。

如果只是社交软件的线上交流，显然还不能让 FWB 成为 Web3.0 社交应用中重要代表，FWB 创造了 Web3.0 社交领域很多新的叙事方式。

在我们之前谈到的 DAO 的分类中，社交型 DAO 是将一群有共同兴趣的人聚集起来的组织。在 FWB 的官网中介绍道，这是一个由思想者、建设者、创意者组成的群体，他们共同讨论和塑造 Web3.0 的未来，不仅在线上，也在现实生活中（图 7-4）。

图 7-4　FWB 社区介绍

资料来源：FWB 官网。

　　加入 FWB 是有门槛的，除了需要使用 FWB 的通证代币作为入会费用之外，还需要由现任成员组成的委员会轮流审查申请，而被认为有独特的观点和方法能贡献于社区并推动 DAO 文化发展的人，才会有机会成为会员。与很多 Web3.0 平台对匿名和假名的高包容度不同，申请加入 FWB 时表明真实身份会获得更多的青睐。这也让这个社群和众多加密原生态（Crypto Native）的社群不同，它很好地做到了破圈，并且吸引到了众多有影响力且对 Web3.0 感兴趣的人。

　　各类活动和社交场景是构成社交型 DAO 的重要组成部分。FWB 的活动分两类，线上活动（Digital Events）和线下活动（IRL Events）。FWB 提供的线下见面机会更像是朋友之间的聚会，凸显因共同的兴趣而聚集的社群特征。FWB 线下活动中也设计了 Web3.0 的应用融入，推出了用于验证链上身份状态的应用 Gatekeeper，连接线上身份与线下生活。

2021 年 9 月，知名 Web3.0 风投机构 a16z 宣布投资 FWB，而截止到以 1 亿美元估值完成 1 000 万美元融资的时候，FWB 只有一位全职员工。由于 FWB 是个去中心化处自治组织，接受这个投资本身也需要通过一个提案最后获得成员的同意，在这个提案中 FWB 就将自己称作"数字城市"。

一直以来，创意阶层是 Web2.0 中被认为最不赚钱的一个群体，他们推动了绝大多数的文化价值，却只能获得很少的回报。FWB 通过将人力资本放在首位，正在将加密领域引入一个具有文化影响力的阶层。

第八节
支付

在支付领域，建立在信用卡基础上的传统巨头 VISA、MasterCard 在 Web2.0 时代已经面临了诸多新兴支付机构的挑战，伴随着 eBay 而兴起的 PayPal，以及中国的支付宝和微信支付，都伴随着电子商务和移动互联网的发展而成为新的霸主。

面对着扑面而来的 Web3.0 新一代互联网，就连比特币的诞生都是为了实现一种新的点对点电子现金支付方式，支付显然会是最重要的竞争热点之一。下面我们看一下在 Web3.0 时代支付巨头的一些布局。

一、VISA

VISA 对区块链领域的布局始于 2015 年。2015 年 VISA 参与了区块链初创公司 Chain 的 B 轮融资，并且在 2016 年宣布与 Chain 合作推出一项服务——Visa B2B Connect。这是基于 Chain Core（企业级区块链架构）的一个全新的平台，为全球金融机构提供低成本、快速、透明及安全的 B2B 支付。

在 2021 年第一季度收益报告中，Visa 把比特币等加密货币支付确定为一次新的发展机会，2021 年 3 月 29 日，VISA 公司宣布，将允许用户在以太坊区块链上使用 USDC 稳定币结算付款。之后 VISA 陆续和众多加密货币机构，如 Coinbase、Crypto 等，共同推出加密货币的支付服务。

二、MasterCard

MasterCard 对区块链的研究不亚于 VISA，尤其是在面向区块链开发者的 API 方面投入了巨大的资源，目标是能在开拓多个应用场景的前提下，减少整个金融流程的时间、成本及风险。

MasterCard 进入区块链行业的重大投资还包括对知名区块链公

司 DCG 的投资，DCG 全名是 Digital Currency Group，是一家总部位于美国的集团性企业，这家企业的目标是"加快发展一个更好的金融体系，利用洞察力、网络和获取资本的途径，建立和支持比特币和区块链公司"。而其麾下的子公司包括灰度投资（Grayscale Investments）、借贷和交易服务平台 Genesis Global Trading 和专注于加密市场的区块链媒体 CoinDesk。

2020 年 7 月 30 日，MasterCard 宣布允许加密货币公司加入其体系发卡以及推出加密货币合作项目，并且加速推进旗下加密货币合作项目，诚邀加密货币领域伙伴加入其"Accelerate 计划"。

2020 年 9 月，MasterCard 宣布推出一项专用虚拟测试平台，可以有效模拟 CBDC 的发行及其在银行、金融机构和消费者之间的流通和交易，可以更好地服务全球央行，对央行所发行的数字货币进行测试研究。

2021 年，MasterCard 已经与加密货币支付公司 Wirex 和 BitPay 在加密借记卡上开展合作，并且宣布将允许客户无须以法币结算，可直接使用加密货币对商家进行付款。

三、PayPal

PayPal 接触加密货币相较于前面两个巨头更早，早在 2014 年 8 月，PayPal 收购了总部位于芝加哥的网络支付公司 Braintree，就开始对比特币进行有限的支持。

虽然随后 PayPal 又宣布与 BitPay、GoCoin 和 Coinbase 合作接

受比特币支付，然而不到一年，PayPal 就切断了与加密货币相关的业务，并冻结了所有与加密货币有关的账户，中断了加密货币旅途。

直到 2018 年，PayPal 对区块链和加密货币的态度才发生转变。2018 年 3 月 5 日，PayPal 公司正式向美国专利和商标局（USPTO）提交了一项专利技术文件，该技术旨在通过消除验证付款环节来加速加密货币支付。

2020 年 10 月，PayPal 宣布推出一项名为"Checkout with Crypto"（加密货币结算）的新服务，这项新服务将使客户能够使用 PayPal 的数字钱包持有和兑换比特币、以太币和莱特币等加密货币，并且可以通过该数字钱包用加密货币在全球约 2 600 万家商户购物。

四、Square

Square 成立于 2009 年 2 月，总部位于美国加州旧金山，是一家提供移动支付服务的科技公司。2015 年 11 月，Square 在纽交所上市。公司创始人是杰克·多尔西，其创办的另一家公司是更为知名的社交平台 Twitter。

Twitter 之所以成为加密领域非常友好的社交平台，和其首席执行官杰克·多尔西作为比特币的忠实拥趸不无关系。所以 Square 也毫不出奇地成为加密货币友好的支付方式。

2018 年，Square 在其 Cash 应用中加入了比特币交易，允许用户买卖比特币。

2020 年 9 月，Square 还发起了非营利性的加密货币开放专利联盟（Crypto Open Patent Alliance），旨在通过将专利集中在一个共享库中，保持加密货币的开源性质。

五、MoonPay：成为 Web3.0 版本的 PayPal

"用比特币买披萨"被视为最早的加密货币支付现实场景的应用，但这种简单的点对点链上转账并非真产品化的加密支付服务，因为它未能解决结算等待时间、网上支付信任等问题。

不同于加密交易所和传统支付巨头在近几年从主营业务切入支付业务，伴随着加密市场而生的一些原生加密支付机构入局更早，致力于解决加密货币出入金与现实场景支付的问题。犹如伴随电子商务场景所催生的第三方支付巨头一样，目前这个成功的故事似乎正在 Web3.0 领域重演。

MoonPay 是目前 Web3.0 领域最知名和规模最大的第三方法币出入金品牌。MoonPay 由伊万·索托 – 赖特（Ivan Soto-Wright）和维克多·法拉蒙德（Victor Faramond）于 2019 年创建，他们致力于开发一个简单而安全的软件解决方案，使来自世界各地的人们能够参与到自互联网以来最大的数字革命中来。而 MoonPay 的企业使命也很简单，那就是"提高加密货币的普及度"。

2021 年 11 月，MoonPay 完成了 5.55 亿美元的 A 轮融资，使其估值达到 34 亿美元，这可能是当时所有白手起家的加密货币公司中规模最大、估值最高的 A 轮融资。

以信用卡为代表的卡支付目前仍然是欧美市场的主流支付手段，MoonPay 就是提供了连接这些信用卡与加密数字资产的基础设施。MoonPay 帮用户省去了下载中心化数字资产交易所或者将加密货币转至去中心化钱包的过程，使用户的使用体验更接近于电商网站购物支付般的顺畅。此外，MoonPay 支持在全球 160 多个国家使用，同时支持 80 多种加密货币及 30 多种法币，大大方便了用户，同时降低了商家和机构对接多个供应商的复杂度。

MoonPay 的爆发式增长与它很好地抓住了 NFT 市场爆发期密不可分，并且还在不断融入 NFT 生态。我们在前面也介绍了 NFT 市场中名人效应不可忽视，而 MoonPay 在 A 轮融资中竟然从流行歌手贾斯汀·比伯（Justin Bieber）、说唱歌手史努比·狗狗（Snoop Dogg）、希尔顿酒店继承人帕丽斯·希尔顿（Paris Hilton）、网球运动员玛利亚·莎拉波娃（Maria Sharapova）、演员布鲁斯·威利斯（Bruce Willis）、演员马修·麦康纳（Matthew McConaughey）、演员格温妮斯·帕特洛（Gwyneth Paltrow）等 60 多位名人手中融到了 8 700 万美元资金。这收获的显然不只是现金价值，更是满满的名人效应，也大大地推广了 MoonPay 用于 NFT 购买的支付选择。

作为早期专注于加密货币支付的第三方机构，先发优势也成为 MoonPay 的竞争壁垒。为满足合规的需要，支付公司都会要求用户提交信息来完成 KYC 的过程，比如以信用卡买币的 KYC 包括信用卡信息、居住地信息、身份证件等的上传和审核。用户完成信用卡的 KYC 之后，并不是所有信用卡都支持加密支付，而 MoonPay 作为信用卡和加密货币支付的链接，允许用户捆绑信息后无须再重复

KYC，大大方便了用户的使用。此外从合规视角来看，加密货币在很多国家被定义为一种商品，MoonPay 在这种框架下可以借助合规和渠道优势，不断提高支付成功率并且快速兼容新的加密资产。

而整个 Web3.0 支付赛道尚处发展早期，从出入金支付来看，加密资产高峰期市值约为 2 万亿美元，全球加密货币用户在 2021 年末接近 3 亿人，且在一年间实现翻倍增长，而独立出入金龙头项目 MoonPay 验证用户为 500 多万人，仅占市场总量的不到 2%。未来随着加密货币普及使用率越来越高，法币与加密货币的交互转换会越来越频繁且自然，最终可能会像不同币种间的换汇一样，加密支付项目也会将出入金与加密货币支付做得更加融合。

同时，不仅是交易场景的支付，更多的场景将会诞生，比如以加密货币为支付形式的工资支付场景等，都将丰富加密支付的应用，促进加密货币以及 Web3.0 与现实生活的融合。我们也将长期看好这个赛道的高速成长。

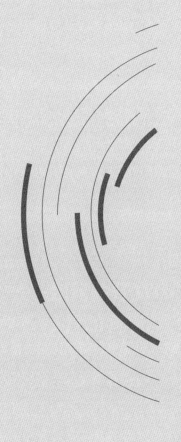

第八章

**如何做好Web3.0
时代的职业规划**

第一节
Web3.0 时代新的工作机会

回顾一下前面介绍过的 Web3.0 产业生态的构成。根据 Coinbase 的分类，Web3.0 大致可以被分为 4 层，从下往上分别为协议层、基础设施层、应用层、接入层。从 Web3.0 的产业生态我们不难看出，其发展的初期是围绕着协议开发和基础建设展开的，因此技术开发者是早期进入这个行业的人。在这个行业兴起之际，需要大量的工程师、设计师来建立 Web3.0 各种应用的基础设施。

除了工程师、设计师这些技术工作者以外，Web3.0 同样离不开项目营销、用户增长和运营、投融资等其他背景的人才，所以进入这个行业需要有一些基础知识和认知，但并没有高不可攀的技术门槛。Web3.0 在技术、产品开发方面和传统的 Web2.0 差别不大，如果你的目标是在 Web3.0 公司中寻一份工作，那你可以参考 Web3.0 的产业生态图谱，学习并掌握这个行业最核心的知识架构。

比如，技术职位需要深入研究图谱上的技术栈模块，产品职位需要对项目的架构和经济模型深入研究，运营职位则要把重心放在社区和项目方的各类活动设计上。

以下我们略举几个具有 Web3.0 特质的工作岗位，如果你对加入 Web3.0 行业感兴趣，或许可以了解一下该在哪些方面提升自己的能力。

一、区块链工程师

工作职责：负责基于区块链技术的数据去中心化产品的设计与研发，根据业务需求设计、开发、部署及测试智能合约。

能力要求：具有区块链、加密货币等知识，熟悉常见的标准协议，如 ERC-20、ERC-721 等。根据主攻的区块链项目，掌握不同的程序语言，基本的开发语言有 Go 语言、C++、Java 等，以太坊的程序语言 Solidity，Solana 的程序语言 Rust。随着更多公有链的开发，还不断有新的语言产生，比如 Aptos 的 Move 语言等。

二、区块链写手

工作职责：协助区块链项目团队撰写 Gitbook、白皮书、路线图、公告，甚至是融资提案（Pitch Deck）等。

能力要求：具有良好的英语文字写作能力，能理解项目的技术细节；具有良好的叙述项目或产品价值愿景和发展路径的能力，能通过深入浅出的讲解让人们理解一些抽象难懂的前沿概念。

三、区块链研究员

工作职责：搜集与研究国内外区块链、加密货币领域的新趋势、新技术、新投资机会与避险方式，并且定期产出报告，为交易决策提供参考，支持投资团队对早期项目进行尽职调查。

能力要求：具备区块链专业知识，具备良好逻辑思维能力和投资分析能力，尤其是分析区块链经济模型的能力。具有金融、数学、计算机等专业学科背景的人起步更有优势，但 Web3.0 是一个快速进化迭代的行业，不进则退，拥有快速学习以及不断学习的能力，比当下拥有大量基础知识更重要。

四、区块链社群运营

工作职责：Web3.0 的社群运营也是复制了 Web2.0 时代主流的互联网运营的工作内容，如用户运营、内容运营、活动运营、产品运营等。主要的目标是推广和管理社群，招募新成员和活跃社群，搜集社群的反馈，提升项目和社群用户的黏性和信任感，实现社群的用户价值商业变现。

能力要求：中英文水平为基本要求。由于 Web3.0 的社媒矩阵有所改变，所以要求更多地参与和运营 Discord、Twitter、Instagram、Facebook、Telegram、Reddit 等国际社交媒体，还需要了解、运用一些技术手段，如 Discord 机器人等；熟悉 Web3.0 的活动形式，比如 AMA（Ask Me Anything）、空投奖励（Airdrop & Giveaway）等；能够适应多时区的活动时间，因为 Web3.0 的很多项目都是全球覆盖以及跨时区运营的。

五、社区管理员

Web3.0 项目的发展离不开社区，所以就诞生了一种非常重要的工作——社区管理员（Moderator，MOD）。社群运营负责人通过 MOD 来实现对社群的管理，而 MOD 通常由最为积极的社区成员担任，但也不排除由项目方通过外包招募的情况。MOD 因有机会参与早期团队的分润，而成为竞争非常激烈的一个职业。

第二节
如何找到一份 Web3.0 领域的工作

一、准备篇

我们已经目睹了在 Web1.0 和 Web2.0 时代的互联网工作红利和创富故事，虽然说"内卷"和"996"确实让很多人吐槽，但是大厂还是很多年青人的梦想起飞之地。进入 2022 年，传统互联网都遭遇了不同程度的冲击，像 Meta（原 Facebook）和谷歌这样曾经充满活力的公司增长空间也被压缩。不仅是科技企业，金融行业也不断有新闻爆出高管员工跳槽到小型 Web3.0 初创公司，因为这些高端人才发现，Web3.0 公司对未来有更大的愿景。所以说，Web3.0 对每一位希望加入这个行业的人而言，都是发掘下一个巨大财富的机会。就像互联网发展早期的环境一样，有些人对 Web3.0 感到困惑，对区块链、加密、NFT、无许可应用程序和去中心化系统不理解，不接受，甚至极力唱衰。所以在目前阶段，市场上会有很多的杂音，如果你真的想投身于 Web3.0，那最重要的是真正地参与 Web3.0 的社群或者体验 Web3.0 的项目，这不仅会帮助你对"共识"和 Web3.0 文化有一个直观的认知，也是一个很好的找工作的途径。

当然，在你决定投身 Web3.0 行业时，不仅需要做好心理建设去支持自己探索一个成长中的新兴行业，接受它的不完善，同时也需要做好一些实际的准备，等待机会随时来临。

学习知识：不管你之前的学科专业或者工作领域是什么，都不妨碍你开始学习和理解区块链技术和应用。你不需要成为专家，学习的目的是了解一门新学科的知识框架和熟悉一些常用术语，从而能够和 Web3.0 从业者无障碍沟通，这就基本达到了入门的条件。此外，通过阅读掌握一些体系化的知识框架，参与一些高质量的培训课程，会对入门者有很大的帮助。

加入社区：社区是 Web3.0 的文化基因，除了微信群之外，还有一些海外社交软件，诸如 Telegram、Discord、Reddit 和 Twitter

上的社区，也是体验原生态 Web3.0 社区文化的游乐园。有时间和精力的求职者可以在社区中多多互动，提高自己的社交属性价值。不管是内容的输出，还是互动性参与的贡献，都有可能带来意想不到的价值，有时可能获得一些项目的特权，甚至是一份意想不到的工作。

动手体验：如果你喜欢 NFT 或者对某一个 Web3.0 的应用感兴趣，建议立刻动手开始体验。你可以创作和发布一个自己的 NFT，或者在 DApp 上做一次交互性的试验，又或者开设一个自己的去中心化钱包，然后连接到 Sandbox 的元宇宙世界。你可能会感受到 Web3.0 现在的不完美，但所有缺点被弥补的过程正好就是 Web3.0 创造财富的过程。

浏览求职信息：在没有更多的人脉给予你推荐机会之前，可以自己主动搜寻 Web3.0 工作机会。传统的领英或者其他招聘信息网站依然是有效的途径，除此之外还要留意发掘以 Web3.0 为中心的专业网站，如 cryptocurrencyjobs.io 或 web3.career，以及社群中的求职公告。并且，一定要关注你所心仪的 Web3.0 公司的网站和社交媒体号，这个也是最直接有效的途径。

二、渠道篇

在 Web3.0 行业寻找工作机会主要有三种渠道：社群、求职平台，以及自我推荐。

社群渠道我们在"准备篇"已经给大家做了介绍，Web3.0 的工作通常有非常强的社群属性，而且追求认同感，因此项目或者机构经常会在各自的 Discord、Facebook、Twitter、Telegram 等社群发布第一手招聘信息，务求以最快的速度找到认知相近的未来同事。另外，关注一些区块链、NFT 行业的 KOL 的社群动态，也可能会有很多机会。

Web3.0 的求职平台主要有以下相关网站：

➢ LinkedIn：www.linkedin.com

➢ Crypto Jobs：www.crypto.jobs

➢ CryptoJobsList：www.cryptojobslist.com

➢ Cryptocurrency Jobs：www.cryptocurrencyjobs.co

➢ Pomp Crypto Jobs：www.pompcryptojobs.com

➢ Proof of Talent：www.proofoftalent.co

➢ Web3 jobs：www.web3.career

三、工具篇

如果你想从区块链技术出发，或者正准备学习一些专业工具，以下是一些 Web3.0 技术开发工作相关的工具和学习资源，供参考。

（一）Solidity

Solidity 是一门面向合约的、为实现智能合约而创建的高级编程语言。这门语言受到了 C++、Python 和 Javascript 语言的影响，设计的目的是能在以太坊虚拟机（EVM）上运行。它是一门静态类型语言，支持继承，支持各种库和用户自定义的类型，非常适合用来开发类似于投票、众筹、拍卖、多重签名钱包等各种功能。总而言之，Solidity 就是为智能合约而生的高级语言。

Solidity 官网上详细介绍了合约编译输出之后的元数据的作用，什么是应用二进制接口，以及合约的结构、各种语言类型等重要信息。这些都是入门智能合约编程之前的必备基础。

目前除了 Solidity 语言之外，还有面向 Solana 开发的 Rust 语言和面向新兴公有链 Aptos 的 Move 语言，都值得关注。

（二）Truffle

Truffle 是开发区块链应用程序最受欢迎的工具之一。Truffle 是一个世界级的开发环境、测试框架、以太坊的资源管理通道，致力于让以太坊上的开发变得简单。Truffle 提供：

- 内置的智能合约编译、链接、部署和二进制文件的管理
- 针对快速迭代开发的自动化合约测试
- 可脚本化、可扩展的部署与迁移框架
- 用于部署任意数量的公网或私网的网络环境管理
- 使用 EthPM&NPM 提供的包管理，使用 ERC-190 标准
- 与合约直接通信的交互控制台
- 可配的构建流程，支持紧密集成
- 在 Truffle 环境里支持执行外部的脚本

（三）Remix

Remix 是基于浏览器的集成开发环境（IDE），集成了编译器和 Solidity 运行时的环境，不需要服务端组件。

Remix 也是以太坊官方推荐开源的 Solidity 在线集成开发环境，可以使用 Solidity 语言在网页内完成以太坊智能合约的在线开发、在线编译、在线测试、在线部署、在线调试与在线交互，非常适合 Solidity 智能合约的学习与原型快速开发。

（四）Web3.js

Web3.js 是一个支持开发者与以太坊区块链进行交互的 JavaScript 库。它是由以太坊基金会构建的开源 JavaScript 库（GNU Lesser General Public License 第 3 版），包括通过 JavaScript 对象表示法——Remote Procedure Call（JSON-RPC）协议与以太坊节点进行通信的函数。

（五）Ethers.js

Ethers.js 也是一个 JavaScript 库，其作用是使开发者可以与以太坊区块链进行交互。该库包含 JavaScript 和 TypeScript 中的实用程序函数，以及以太坊钱包的所有功能。

附录1
Web3.0 领域常用名词

Generative Art　生成艺术

也指算法艺术，即由算法决定的计算机生成的艺术品，是一种部分或者完全通过自治系统自动创作出来的艺术品。在这种情况下，自治系统通常能够独立确定艺术品的特征，不需要艺术家直接做出决定。可以说是近年来 NFT 数字艺术和收藏界的关键性创新之一。

Floor Price　地板价

指某一 NFT 项目在交易市场中的最低入手价格。地板价越高，即入手的门槛价格越高，往往代表这系列 NFT 的市场价值越高。

Airdrop　空投

空投一般是区块链项目的一种营销手段，通过赠送的方式将通证代币或者NFT 直接发送到用户的加密钱包地址，以期望扩大用户基础和提升影响力。有时候项目方也会要求用户首先满足一定的条件或者完成一些任务。

Snapshot　快照

快照技术主要是在操作系统以及存储技术上实现的一种记录某一时间系统状态的技术。例如，对于空投活动，项目方通常会在某个时间点对用户的钱包地址进行快照以确定谁有资格获得空投。

White List 白名单

有些 NFT 在发行之前，官方会提出白名单机制。只要完成官方设定的任务，比如加入 Discord 社群或分享资讯给朋友等，就能被加入白名单中。加入白名单的用户可以在项目公开发售前提前购买 NFT，不用和大批人比拼网速或者手速抢购。在 NFT 一级发行市场火热的时候，白名单有时候意味着"拿到即赚到"。

Gas Fee 燃料费

也可理解成手续费。称作 Gas Fee 是因为它被视为该网络的燃料，在以太坊区块链上进行操作时会消耗 Gas。从技术层面上说，区块链的每一个节点都是需要维护的，在以太坊中的每笔交易都需要"矿工"来完成，而用户则要支付一定的报酬给矿工们。因而 Gas Fee 也被称作"矿工费"。

Mint 铸造

简单来说，就是在区块链上生成 NFT 的过程。

Burn 销毁

既然有铸造，那当然也会有销毁，销毁通证代币和 NFT 可以简单理解成现实世界中的焚烧现金或艺术品。代币销毁是将通证代币从流通中永久性移除，销毁数字资产的行为涉及将其转移到一个永远无法被检索到的地方，也被称为销毁地址。

Whale 巨鲸

巨鲸是指加密市场中的超大户，一般一出手就是巨量买入或卖出。人们常常根据巨鲸的操作方向对行情做出一些判断。

DAO 去中心化自治组织

全称 Decentralized Autonomous Organization。

ATH　历史最高价

ATH 即 All-time high，指任何既定资产在市场上达到的历史最高价格。

DApp　去中心化应用程序

指运行在区块链上的应用程序。

HODL　长期持有

HODL 指"持有"，后来指代"坚持长期持有"（hold on for dear life）。这可能是最受欢迎的加密资产领域术语，该词源自一个简单的拼写错误。2013 年，Bitcointalk 论坛的一名程序员发帖解释他为什么不顾市场持续下跌而坚持持有代币。然而，他将"holding"误写成"hodling"。这个错误拼写后来广为人知，并最终演变成带有口号意义的缩写词。

BUIDL　构建 / 创建 / 开发

和 HODL 异曲同工，即 BUILD 的误写，指构建、开发有用的、有意义的事物。BUIDLing 就是指在"埋头苦干"。

Halving　奖励减半

指开采比特币的回报以一个确定但不断衰减的机制在每 210 000 个区块被挖出来后减半，大约每 4 年为一个减半周期。

Blue Chips　蓝筹项目

这个和传统金融市场中"蓝筹"的意思很接近。延展到 NFT 领域，蓝筹项目就是指有价值、建议长期持有的优质 NFT 项目。

10k project　1 万个 PFP 组成的项目

指由约 1 万个头像组成的 NFT 收藏品。2017 年，CryptoPunks 系列收藏品首创这类 NFT 项目。迄今为止，已有很多 NFT 项目都进行了效仿。后来逐渐演变成头像合集类 NFT 的统称。

Roadmap　路线图

指区块链项目规划的长期发展战略和时间表。大多数 Web3.0 项目在早期都会发布自己的项目白皮书和 Roadmap，社区用户和投资者就可以通过这些信息来了解项目。

Stake　质押

DeFi 中开始兴起的概念，指将通证代币或者 NFT 作为质押物锁在平台中以获得其他奖励。

WAGMI　我们都将成功

We All Gonna Make It 的首字母缩写，即我们都将成功。

FOMO　因害怕错过而产生的情绪

Fear of Missing Out 的首字母缩写，意思是害怕错过的情绪，指一种错失恐惧症。类似于担心抢不到心仪的商品或怕比别人下手慢而盲目跟风下单，看到什么买什么。

Rug　跑路

Rug pull 的缩写，原意为拉地毯，在 NFT 行业中指项目方或者平台卷款潜逃。

Degen

Degenerate 的缩写，有赌徒的意思，在 NFT 行业里意指承担不合理且极高的交易风险，想博一把的人。在其他加密资产领域，投资 BTC 和 ETH 的人称买其它山寨币（Altcoin）的人为 Degen，即玩非主流币、投资高风险项目的人。

TG

即 Telegram，是加密行业中普遍使用的即时通信软件。

DC

即 Discord，一个功能强大的社群通信软件，是目前绝大部分 NFT 项目的社群聚集地。项目方通常在 DC 发布重要通道，进社群推广等。也是目前许多区块链社群的根据地。

Fren　朋友

Friend 的缩写。

OG　元老 / 老韭菜

全称为 Original Gangster，即黑帮，后也指元老，即加密市场中或者 NFT 社区里的"老人们"。

IRL　现实生活中

全称为 In Real Life，时常用来对应 Web3.0 的虚拟世界。

IYKYK　懂的都懂

If You Know, You Know 的首字母缩写。

DYOR　做好自己的功课

Do Your Own Research 的首字母缩写，意思是在做任何投资和交易之前都需要亲自研究，对自己负责。

FUD　害怕、不确定、怀疑

加密市场中经常用来表达情绪的词，是 fear，uncertainty 和 doubt 三个英文单词首字母的缩写，和 FOMO 意思相反，指因为害怕而退却。

Diamond hands　钻石手

"钻石手"是俚语，指的是在经济低迷或亏损的情况下仍不出售投资产品的投资者。在加密市场尤其是 NFT 市场中，它也可以指投资者持有的决心。

Paper hands　纸手

Paper hands 和 Diamond hands 意思恰恰相反，它指某人以他人认为过低的价格出售某物，如 NFT 等数字资产。这一术语在 NFT 圈被频繁使用，但并不局限于 NFT 圈内。

Moon

NFT 领域使用频率很高的市场术语。To The Moon 形容的就是加密资产价格不断上升，像火箭升到月球一样。

附录 2
区块链工具网站大全

💧 综合类数据分析

Glassnode　https://www.glassnode.com

提供全面的区块链链上数据，如某一范围的持币地址、交易所余额、矿工余额，但需要会员，每周提供免费的链上分析报告。

CoinMetrics.io　https://tools.coinmetrics.io/

提供丰富的链上数据，并可将数字资产与传统资产进行对比，可计算不同资产的相关性等，是常用的链上数据网站之一。

Tokenview　https://tokenview.com/cn/

免费提供公有链、NFT、DeFi、稳定币等各种图表指标。

OKLink　https://www.oklink.com/

可查询公有链、DeFi、GameFi、NFT 等热门项目的相关数据。

BitInfoCharts　https://bitinfocharts.com/

提供公有链的挖矿难度、区块奖励、活跃地址、链上交易数量、平均确认时间、大户榜等基础数据。

Blockchair　https://blockchair.com/

集合了多条公有链的区块链浏览器功能。

Etherscan　https://etherscan.io/

最常用的以太坊区块链浏览器。

ETH Gas Station　https://ethgasstation.info/

可实时查询以太坊链上交易的 Gas 费。

Dune Analytics　https://duneanalytics.com/

常用的数据分析网站之一，提供大量数据分析仪表板，由社区贡献，包含丰富的链上数据。

Token Terminal　https://www.tokenterminal.com/

专注于项目的营收，提供传统财务指标来评估区块链和 DApps。

Dapp Review　https://www.dapp.review/

统计了各个区块链的 DApps，可根据用户数、交易数、余额、评分等进行排序。

DappRadar　https://dappradar.com/

跟踪、分析、发现 DApps，对 DApps 按照所属公有链和类别进行区分。

◆　DeFi 类

DeBank　https://debank.com/ranking/market

多功能 DeFi 钱包，常用的 DeFi 工具，可查看地址的投资组合、管理钱包授权，汇总了十余条公有链的 DeFi 项目。

DeFiLlama　https://defillama.com/home

支持几乎所有链上的大型 DeFi 项目，并能够较快地跟踪到新的项目。按照智能合约平台和项目类型进行了分类，主要统计项目的 TVL，可将不同项目进行对比。

LoanScan　https://loanscan.io/

对比以太坊中不同平台的存款和借款利率。

DeFi Rate　https://defirate.com/loans/

对比各个中心化平台和去中心化平台的存款与借款利率。

DeFi Pulse　https://defipulse.com/

跟踪以太坊上 DeFi 项目的 TVL。

◆　NFT 类

NFT Stats　https://www.nft-stats.com

包含大量关于 NFT 收藏的免费且易于阅读的数据，包括销售图表和稀有度资源管理器。

rarity.tools　https://rarity.tools/

提供 NFT 稀有度查询以及站点排名，可以查看即将发售的 NFT 项目。

icy.tools　https://icy.tools/

非常好用的 NFT 行情站，可查询项目最新底价、数量和销售历史。

NFTBank　https://nftbank.ai/

NFT 持仓管理应用。

NFTGO　https://nftgo.io/

NFT 市场指标追踪以及数据聚合平台。

♦　市场行情及研究类

CoinMarketCap　https://coinmarketcap.com/

提供代币的官网、价格、市值、流通量、区块链地址等信息，分类统计了 DeFi、NFT 等类别的加密资产，可查询各个中心化交易所的交易量。

CoinGecko　https://www.coingecko.com/en/exchange

于 2014 年推出，现已成为业内最早和最大的数据聚合器，和 CoinMarket-Cap 同为目前业界最有影响力的加密市场数据提供商。

Messari　https://messari.io/

统计加密资产的各种数据，发布加密行业各个领域的专业报告，总结机构的持仓和加密领域的各种事件，为加密投资者和专业人士提供可靠的数据和市场情报。

Nansen　https://nansen.ai/

定位为面向加密交易者和投资者的链上分析平台，其核心竞争力主要是数据分析和处理能力。同时，还可监测 Gas 使用状况以及不同主体的资本流动。

TradingView　https://www.tradingview.com/

专业的行情分析网站，擅长技术分析。

● 投融资类

Dove Metrics　https://www.dovemetrics.com/

详细地整理加密领域的融资动态，包括项目简介、投资机构、融资轮次和规模等信息。

Chain Broker　https://chainbroker.io/

收集了加密领域过去、现在和即将到来的公开融资。

● 社交类

LunarCrush　https://lunarcrush.com/

通过跟踪加密社区行为（Twitter 活动、人气、新闻、谷歌搜索量等），帮助用户制定投资决策。